攝影化妝

The Art of the Photographical Make-up

李秀蓮◎著

他序

緣現代生活應用科學領域中，「美容學」確扮演一重要角色，且已博得社會大衆對其發展給予高度評價與肯定。

當今國內美容專家李秀蓮教授現任海內外化妝品生產界名聞遐邇之SHISEIDO化妝品公司副總經理兼美容科學技術研究所所長，致力熔美容研發、生產、推廣於一爐，貢獻良多；復兼任本系美容課程之講授，涵泳理論與實務於一體，績效斐然，有口皆碑。故譽之為當代女性傑出之良師益友，實不爲過。

今以其新著《攝影化妝》行將問世，欣聞之餘，謹以此爲序，藉表敬賀之忱。

中國文化大學 生活應用科學系主任

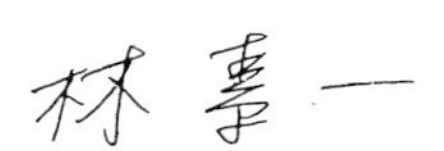

序

從出版《美容與化妝》到《現代美的妝扮》二書，本人一直本著提昇台灣婦女朋友美容水準的原則，將自己投入美育推廣工作數十年的經驗，與理論結合爲一，獻給所有追求美的女性。

而隨著現代人生活多元化的趨勢及女性塑造自我整體造型的興盛，美的呈現層面也愈見寬廣。以攝影而言，在透過鏡頭留下美麗倩影的剎那，不僅結合了攝影師的專業技術——充份掌握光、影、色彩及畫面等，更可藉由化妝修飾技巧、整體造型設計等的充份運用，將剎那化爲永恆，創造令人難忘的美麗回憶。

這也是近年來不斷有女性朋友問到我的一個問題：「如何掌握化妝與攝影之間的互動因素？」在富裕的現今社會，幾乎每一個人都有機會面對照相機，「攝影化妝」的正確觀念及技巧，確實有必要瞭解，加上行政院勞委會職訓局已將攝影化妝列爲乙級美容技術士技能檢定考試的規範內容之一，這使得已通過丙級考試的專業美容人士更迫切需要相關的資訊與技術研修，以順利取得更上一層樓的國家級證照榮譽。可惜坊間至目前爲止，一直未見相關書籍可供需要的朋友參考，本人只好野人獻曝，再度將自己多年來的經驗轉化爲文字，敝帚自珍，相信能爲所需要的朋友帶來一些實質的助益。

最後，藉此一隅要特別感謝老麥攝影・婚紗、新婚情報攝影謝明祥、索亞服飾、國際美容造型雜誌、蘇金來、林坤鴻……等的鼎力提供部份圖片，才能使本書更臻完美。

SHISEIDO美容科學技術研究所所長

李秀蓮

Lee Hsiu-Lien

目 錄

第 1 章

攝影化妝概念

簡單的說，攝影是運用相機，將眼睛所看到的人與物拍攝下來，留下優美的情境。

事實上，每一張美好的照片，不僅令人賞心悅目，更能夠留下永遠美麗的回憶。任何一個人都希望照片中的自己動人而有風采。然則一張成功的照片，必須影中人和攝影師通力合作才能漂亮出擊。

就掌握全局的攝影師而言，除了本身必備的專業技術外，充分掌握光、影、色彩間的互動因素同樣是不可缺的。而影中人，則可以藉由修飾技巧充分運用造型、色彩、明暗間的互動因素，創造富均衡美感的整體造型，如此則將能擁有一張令人難忘的照片。

一張美好的照片是多種技術的結合。因此，如何架構出理想的畫面，在攝影前的溝通是絕對必要的。

攝影化妝之分類

就產品和需求性質的不同，需要不同攝影主題的企劃擬定。基本上，可分為：

商業用途

具有宣傳性的企劃攝影，如雜誌、服裝目錄、化妝品說明書、海報、電視、電影、廣告（ＴＶＣＦ、幻燈片）、唱片、公司簡報等。

此類的攝影必須透過企劃、美編人員的雙向溝通，提出企劃構思的設計稿，再結合攝影師、造型、模特兒、印制、設計等，才能呈現出令人激賞的好作品。

例如

客戶

●提出攝影的用途、目的及其主要訴求點。

↓↑

●與客戶溝通擬出攝影的設計稿，再與設計師、攝影師溝通。

↓↑

設計師 ←→ 攝影師

●依其主題配合服飾、飾品與模特兒的個性、五官，提出造型設計稿，現場掌握光源的變化，完成化妝的修飾。

●掌握現場氣氛燈光、光源、取景、佈局，帶動模特兒的情緒。

非商業用途

比較理想化、不帶濃厚的商業色彩的攝影如舞台劇、特殊創作、婚紗照、個人專輯、教學（TVCF、幻燈片）等。

這類的攝影較單純，如舞台劇配合腳本與導演、美術指導溝通試妝、定妝；個人專輯、婚妙照則呈現的是「美」的視覺，其造型師、攝影師均可獨立作業完成。

不論何種的攝影，首先都必須在攝影前做好事前溝通與協調，讓相關人員之間相互了解取得共識，彼此對主題畫面設計稿的構思之用途以及訴求重點確實的掌握。

廣告

●可分為影片和平面，通常都須先了解腳本再做化妝設計。

尤其是化妝品的廣告，由髮型、化妝到服裝，每個細節都要求達到完美，化妝細緻重質感。

攝影／林坤鴻

雜誌

●雜誌設計除配合每月企劃主題外，有時會增添季節性的流行、節慶的氣氛等；設計時，除了考慮上述因素外，還有雜誌本身定位、年齡層、市場性等。

感謝相片提供／國際美容造型雜誌

時裝目錄

●以服裝為主的訴求。重視畫面整體性的協調與服裝廠商本身的定位、年齡層、市場性。

●彩妝必須考慮服裝色彩和表現風格。

感謝相片提供／富曉茹

婚紗照

●現代新娘普遍講求個人品味，新娘攝影化妝應配合場景、風格特性、色彩、空間的組織運用，才能顯現出整體搭配的美感。

感謝相片提供／老麥攝影・婚紗、新婚情報

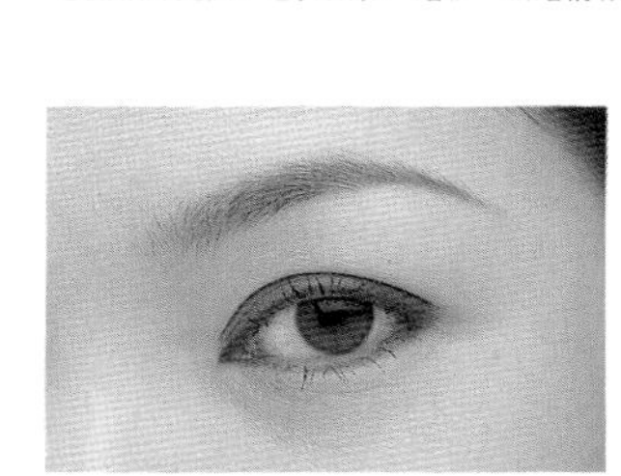
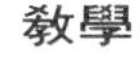

教學

●屬於教學用，背景單純，以特寫、半身或局部為主的示範動作，化妝重視精緻感，色彩明顯、線條清晰，整體講求乾淨協調。

攝影／蘇金來

個人專輯

●受限較小，有較大的發揮空間，造型的表現多樣化，強調個人的風格，整個畫面比較具有設計性。

感謝相片提供／老麥攝影・婚紗、新婚情報

重點摘要

攝影就意義上而言，就是運用相機攝取鏡頭前的影像，留下恆久深刻的情境。

然而一旦攝影加入其他的需求目的時，就演變成必須掌握住各項環環相扣的互動因素，才能架構出理想的畫面，同時達到希望訴求的效果。

身爲一位造型設計人員，除了應具備本身的專業技巧，還要了解光、影、色彩間的互動關係，並且在事前做好溝通與協調，獲得彼此共識，如此即可避免作業過程中的修改而節省許多的時間。

商業性的攝影較強調企劃主題以及兼具宣傳性，因此在針對模特兒做造型設計時，不能太天馬行空，注重的是要掌握攝影的用途、目的、訴求點。而非商業用途的攝影，則受限較小也較爲單純，可以享有較大的創作設計空間。

問題研討

1．如何才能拍攝富有美感的攝影作品？
2．試簡述不同性質的攝影化妝其掌握要點。

第2章
不同用途攝影化妝之設計要領

由於不同用途的攝影化妝其設計要領均不同，專業的造型師對於攝影化妝的定位必須事先有所認知。

如商業用途、非商業用途、藝術性等，應加以詳細區隔釐清，才能產生完美理想的作品。

商業用途

具宣傳性的商業攝影，由於必須明確的表達廠商所要訴求的話題，因此攝影前，得先決定好此回企劃需要那一類的照片，也要考慮到攝影時如何建立情境、佈景，以及是否要運用大幅照片來說明與主題相關的主要事件或活動，或是僅需小幅照片做補充性說明。總之，著重宣傳廣告的攝影，必須運用畫面讓訴求的主題強烈而直接的表達出來。

在畫面中，如果設計有人物的角色，就必須藉由人物的姿勢、服裝、甚至背景、道具....等等，來傳遞出此回企劃所要表達的內容。如果主題必須藉助臉部神韻，那麼化妝時，就應該表現得極為細緻；若是肢體動作的表達，則應注重整體造型的訴求效果。

雜誌攝影

因出版商對市場的訴求性不同，雜誌的發刊可分為周刊、月刊、季刊等。

如果雜誌是每月出版一本刊物，則編輯群除了依其年度所計劃提出的企劃案之外，尚必須針對當季、當月的流行趨勢、消費者的習性、感性的話題等內容提出研討，整合出單元性的內容架構。依其企劃內容的需求性，找尋適合搭配的名人專家、廠商、模特兒與造型師，針對不同單元內容與相關人員再進行溝通協調。

所以雜誌的攝影化妝，基本上必須配合企劃內容的需求性，來決定化妝色彩的濃淡搭配，將其所企劃的主題生動的呈現出來。

具時代背景的特別企劃——關於浪漫的聯想

流行是有循環性的，並非天馬行空，而是有脈絡可循；只是設計靈感的來源，往往可以跳出脈絡，像是自然界中的現象或是正史典故，甚至名人軼事，都可能讓設計師創造出另一番浪漫的情境。

SEA LOVE

●一種來自水中的浪漫，如同維那斯的誕生從大海中湧現出生的歡愉，所要呈現在眼前的視覺要素是水、光與影，以此為造型根基延伸的具象演出。以深海的湛藍與光影晃動下的色彩視覺，是彩妝捕捉色彩的靈感。化妝色彩上有種層次交替、幻化出水、光與影的浪漫情境。

感謝相片提供／國際美容造型雜誌

MYTH

● 傳達希臘、羅馬時代的女神形象，彷彿畫布中步出的女神，浪漫氣息中沈浸著斑駁泛黃的影像。
化妝的設計以棕色系與大量運用蜜粉來營造泛黃斑落的痕跡，質感介於畫布與膚質間。

感謝相片提供／國際美容造型雜誌

感謝相片提供／國際美容造型雜誌

PURE

●由波提折里畫中純淨的光源衍生的現代感，屬於色彩的純淨與浪漫，從心境上傳遞「單純化」的意念。所以依其單純卻具表現力的特質來化妝，展現一種異樣的現代感。

以季節的話題爲主的單元企劃

此單元企劃係配合時節的話題性，擬出相關的美容新知，也是雜誌內容不可缺的單元。例如以夏季爲表現主題時，畫面多半離不開海水、陽光，而主題的表現也多以展露陽光下的健美肌膚，或是健康、清新的夏日彩妝及防曬護膚爲主。換句話說，它們必須傳遞出「夏天」的訊息。

（１）大海之吻——

●夏天裡，人們總喜歡流連忘返於海灘。指導女性在彩妝上，如何使用高抗水性的粉底與化妝品，讓女性在愉悅戲水的同時，不必擔憂紫外線的侵害。

●畫面的效果，是出水的自然、透明與持久性的表達。

感謝相片提供／國際美容造型雜誌

感謝相片提供／國際美容造型雜誌

（2）溫室之美——

●即使避開了大太陽，但無論是晴天或陰天、室內或室外，紫外線仍是無處不在。
化妝時，粉底訴求細緻與潔淨感，彩妝採自然感爲宜。

服裝攝影

流行並非是偶然的，它會在一個特定的時間裡被突顯出來，並表現在每季各廠商的主題上。而服裝經常是反映這個時代的鏡子，在每個不同年代，都會出現不同的主題傾向。

爲了使消費者掌握該季廠商的流行脈動，除了事前的預展告知之外，再根據市場性的需求，拍攝服裝目錄提供消費者塑造自我風格的參考。基本上，服裝攝影時，必須減弱模特兒的顯著性，以便強調模特兒穿著的服裝。而爲強調服裝的主調與廠商當季設定的故事性訴求，服裝風格及配合的道具同樣需要隨著更換；但是化妝原則上只要設計一個型態，再取重點（如唇膏）稍做改變即可。

雖然時裝攝影以服裝爲主，但是模特兒的化妝與髮型同樣會影響照片的畫面質感。這時在化妝與髮型的搭配上，應以襯托服裝風格或訴求情境爲要點，因此在進行作業之一定要先了解服裝的特色，以及廠商設定的主題。

以下我們利用設計師一系列的設計發表，來明瞭SHOW或目錄...等所詮釋的情境。

SHOW 舞台攝影

在換季前領導潮流的設計師們，均會有流行服裝的預展發表。在舞台上作品展現，因爲主要是在傳遞流行的訊息，所以整體的造型均以強烈的、誇張的全風格搭配來強調。

SHOW前工作人員的溝通與默契的建立，決定一場SHOW的成敗。因爲服裝SHOW的發表，模特兒可能會更換許多組服裝，配合出現情境的需要也會更換光源、音樂來營造氛圍。但是卻不能大改臉上的妝扮，頂多補上蜜粉、腮紅或唇膏的顏色、或是以特殊的飾品來搭配。

基本上，SHOW的化妝，必須配合流行和設計師所要展現的風格，化妝著重視覺的感受，以線條和陰影立體的技巧爲重點，大部分採以咖啡色系的彩妝來發揮服裝的主題。但是也有設計師爲更符合設計的靈感，彩妝突破以往的慣例，以誇張、詭異、趣味....等不同的化妝法來搭配。

例如，〔例圖一〕的整個系列皆以各種不同的編織來傳達不同紗種的靈性。色調上，以藕灰、棕灰....接近大自然的趨向，並溶入中國的情感，詮釋出大地的靈氣與生命力：

〔例圖一〕

●誇張的髮鼓、垂墜髮束搭配不同服飾的髮簪、髮網與花飾等。

●配合服飾的色彩、彩妝的色彩褪到最低極限，以白色的眉、深藕色的唇膏，爲此季的創作賦予靈氣之美。是屬於較爲詭異誇張的造型。

感謝相片提供／富曉茹

續〔例圖一〕

●彩妝流行ＳＨＯＷ訴求的是充滿前衛的造型，以強化視覺的效果，化妝則展現清新的均衡感，蘊含驚訝新鮮的時髦美。

戶外攝影

選擇戶外攝影時，應選擇能夠與服裝形成對比或襯托服裝、表達印象的地點攝影。所以模特兒出現在樹林前、山前的沙地上、海邊、前廊上、住宅前、商業大樓前....等，在畫面上可能獲得很好的效果，也可能獲得不協調的效果。由於畫面比較豐富多變，所以化妝的色彩不宜過於鮮明耀眼，以淡雅的中性色彩較爲討好，也較爲生活的訴求。當然也有「異常」個人風貌的創造手法。

同季的款式
——在造型上延續SHOW的風格

感謝相片提供／富曉茹

●配合設計師創造的靈感與風格性的塑造，利用線條、色調感，以及服裝上之布紋組織所造成的印象，化妝突破以往的作法，將眉刷白，不強調眼部僅以深色唇部取得平衡之化妝。

室內攝影

室內的服裝攝影，基本上均沒有複雜背景，畫面上也比較單純，可以利用各種不同採光、角度來營造畫面效果。

暈黃的目錄設計
——設計師以不同的肢體語言傳遞自己作品風格的創意性

●彩妝上仍秉持原設計的風格將眉刷白，唇部採深色，但是著重臉部明暗的修飾，利用頭飾的鮮花、鮮果表達春生的意境。製作目錄時，可再利用電腦合成，使畫面創造出比現實更具吸引力的情境。由此讓此季服裝想表達的風格更加浮現。

感謝相片提供／富曉茹

營造劇場的心情
——利用佈置物的設計再次表達服裝風格的多元風貌

感謝相片提供／富曉茹

●褪除誇張的髮飾，改以俐落的短髮，利用劇場的佈置方式，使畫面具有變化。同時以光線一再的折射，透過冷冽的境面折射模特兒的臉部和身體，給人另一種感動。由於整個光源集中在臉部，所有的色彩都會被淡化掉，因此，這時唇部的輪廓及色調便成了突顯的焦點。

廣告（ＴＶＣＦ、幻燈片）

廣告的化妝在西方起源於資本主義的興起。由於工業國家對商品行銷方式的重視，因此視廣告爲成敗的關鍵，如何用廣告企劃案來完成一項商品的行銷，除了訴求標題的吸引力之外，有關模特兒的選擇及化妝整體造型的設計也非常重要，因爲藉由成功的造型設計，同樣能左右廣告突破銷售業績。

廣告化妝基本上可分爲ＣＦ影片及平面媒體二種。廣告化妝視商品的不同，有時以整體爲主，有時則須強調局部，而後者往往因某個部分被突顯，通常必須較注重畫面的精緻與細膩的表現。

被用來傳遞廣告訊息的媒介對象，大致可分爲以下三大類：

⑴依賴社會知名人士良好的社會形象及專業的公信力，快速地達到廣告的效益性，此社會知名人物如知名藝人、文藝界人士、社會中某項專業人才等。這時化妝必須配合其身份或權威形象。

⑵是採用專業的廣告模特兒，他們多數有著豐富的肢體語言及容易被塑造的特性，此廣告的模特兒通常要透過試鏡的方式選擇。面對這種專業化妝的廣告需求，設計師同樣也必須以極專業的化妝造型，來詮釋企劃主題。而動態性ＣＦ，有時配合腳本的需要，更須迅速的變換模特兒造型，這也是對設計師的一大考驗。

⑶是將廣告企劃經由意識型態的意念加以表達，模特兒往往被要求跳脫制式化妝的表達方式，這時化妝會比較側重創意性的表現。總之，廣告化妝最重要的是精確地呈現企劃的主題，所以通常會先設計腳本，依其企劃內容的需求及商品特性、企劃概念的溝通，由髮型、化妝到服裝每個細節都要整體性的串連，同時必須隨時盯場，留意模特兒是否有脫妝的現象。甚至可要求在拍攝前先透過鏡頭檢視。

此外，化妝色彩的濃淡掌握也是不容忽視的要點。一般如果是平面稿取鏡，由於需要再透過印刷呈現，因此色彩會較濃；若是ＣＦ則除非腳本需要較濃的妝，否則無須刻意加深色彩。然而如果是強調臉部特寫的畫面，那麼就應該注意任何細微的部分，這樣拍出的畫面才會具有高水準的質感。尤其是ＣＦ更應配合分鏡腳本，掌握每個鏡頭的表達重點，讓觀衆很快的感受到廣告所傳遞的訊息留下深刻印象。

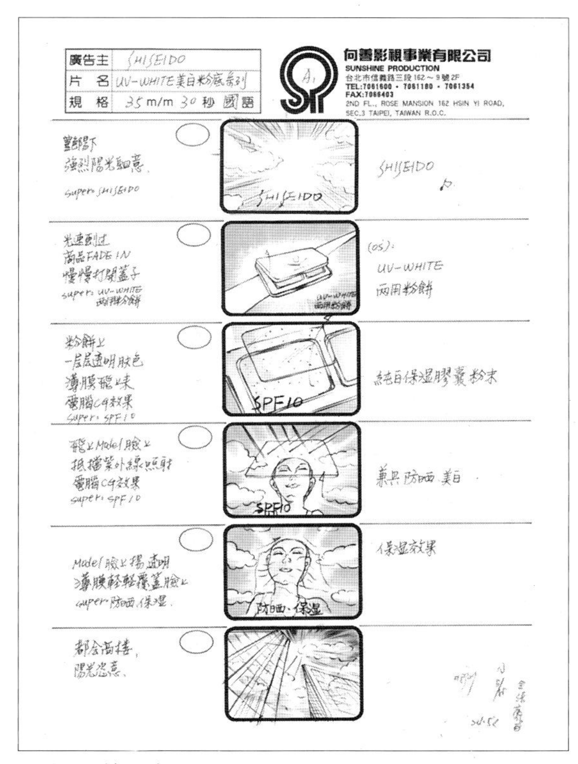

● CF分鏡腳本

攝影／林坤鴻

化妝品（平面）

●化妝品的廣告，強調商品的使用性，因此除了化妝品的畫面外，臉部的表情看得特別清晰，化妝的質感要求更加精緻細嫩。

化妝品（平面）

●訴求男性的商品，表現男性的獷達、帥性。化妝留意其輪廓的修飾，呈現自然的立體效果。

攝影／林坤鴻

重點摘要

如果以專業性的眼光來看攝影化妝，即應依據其用途的不同而再分類，如此才能眞正達到攝影化妝的意義。

商業攝影顧名思義就是以商業訴求爲主的攝影，因此通常需要配合廠商設定好的主題，運用畫面將主題強烈而直接的表達出來，換句話說它較側重宣傳性。需表達的方式有的借重臉部神韻，有的則借重肢體動作，因此化妝設計也應有不同的設計重點。

一般而言，一位化妝設計師在接商業攝影化妝時，有可能面對的是雜誌攝影、服裝型錄攝影及廣告攝影。

雜誌攝影化妝基本上必須配合企劃內容，考量如何爲「單元企劃」或「特別企劃」來訂做量身。通常後者會具有比較強烈的企劃主題，它的靈感來源往往可以跳出脈絡自由發揮；而單元企劃則是比較具常態性的主題。只要抓住此種精神，就不難進入雜誌攝影化妝的領域了。

服裝攝影化妝，往往必須掌握住服裝廠商在這一季所欲表達的風格訴求，換句話說必須符合其市場定位。所以在作業之前除了與相關人員的溝通，還應該先了解服裝的特色。不過屬於服裝型錄的拍攝有的純以表達服裝款式爲主，有的則會以比較偏重情境的表達爲主，因此後者的攝影化妝，往往也較注重整體造型的表現，此時化妝色彩就會以傾向創意性的方式表達出來。

廣告攝影化妝是三種之中宣傳性最爲直接強烈的，基本上分爲ＣＦ影片及平面媒體。此類化妝比較須注意，其是以整體或局部強調爲主，通常後者因某個部分被突顯，因此應注重畫面的精緻與細膩的表現。

問題研討

１・攝影化妝依用途不同可分成哪三大類？

２・商業用途的攝影化妝其含意爲何試解釋之。

３・雜誌攝影化妝應如何掌握要點？

４・服裝攝影化妝應如何掌握要點？

５・廣告攝影化妝應如何掌握要點？

非商業用途

不帶濃厚商業色彩的攝影化妝，除了教學的VTR、幻燈片外，其餘的攝影化妝較不受限，由於可以直接就畫面效果與當事者溝通，而攝影師也可依其個人的表現手法進行拍攝，因此唯美表現可以說是基本的原則。

個人專輯攝影

追求時髦、喜歡新鮮不再是年輕女性或專業模特兒的專利，爲了讓大多數的人都能擁有許多美麗的照片，攝影沙龍、個人工作室相繼設立，目的就是爲滿足時下大衆的需求性。但是如何擁有亮麗的容顏，自信的面對相機，就必須靠專業化妝師藉由造型設計，展現個人的風采與特色。

基本上，不論任何年齡，均採以突顯個人風格爲前提，再依造型上的需要考慮濃淡妝的運用。

感謝相片提供／老麥攝影・婚紗、新婚情報

●年輕且較具生活化的攝影，運用正片攝影，人物的感覺較眞實，膚紋細緻，色彩感也較明顯。所以彩妝運用同一色系，如中性色彩的眼部與唇部，訴求年輕膚色的透明、潔淨感。

●訴求柔美的效果時，除了利用化妝和造型來營造之外，利用暗房處理的效果，可使紅的更紅、深的更深、白的更白。因此畫面上呈現的彩妝，以唇部的色彩、眉、眼的線條之效果爲主。

感謝相片提供／老麥攝影・婚紗、新婚情報

●由於拍攝技巧的運用與底片的選擇，使得照片的畫面留影更具多變性，利用高感度的底片拍照，顆粒質感較粗，彩妝上利用五官的線條來表現。

教學攝影

教學錄影帶或幻燈片配合內容的不同，其拍攝的角度也有其差異性，因此化妝的表現就不一樣。為使其攝影工作順利的進行，同樣要有畫面設計稿的構思，提供攝影師對鏡頭畫面的掌握並幫助專業化妝師面對畫面、場景、光源的不同時，能調整技術與色彩的運用，達到看圖即能會意的功效。

美容教學幻燈片

●雖是訴求保養，講求的是肌膚潔淨、透明，但是仍要化妝使畫面漂亮，彩妝採淺淡的褐色或咖啡色為宜。

◆保養教學

攝影／蘇金來

◆化妝教學

●化妝的技巧教學重視的是細部的技巧和色的搭配，會有全臉和局部的特寫。當特寫局部時，要留意周邊肌膚的狀態，如皺紋、乾荒、浮粉、脫粉、鬍鬚等，都會影響畫面的美觀。

攝影／蘇金來

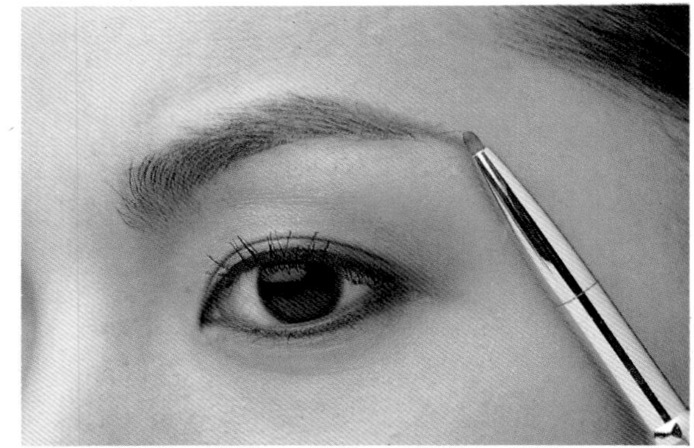

而搭配主題性的教學示範，則應配合主題設計出相符的表現感。

休閒妝

●表現健康、明朗、清新感，配合休閒的服裝穿著，彩妝採以柔和、淡雅的色彩爲宜。

攝影／蘇金來

上班妝

●乾淨、俐落、端莊感，係上班族女性穿著，彩妝以具知性、成熟的中性色彩爲主。

晚宴妝

●華麗、高雅、時髦的晚宴妝扮，彩妝採以亮麗、鮮明的色彩來運用。

攝影／蘇金來

婚妙攝影

拍攝婚妙照，可說是結婚過程中重要的一環。「新娘」是女人一生中最美麗的角色，因之，既要拍得精緻，又要拍得有特色。如何將一生中最慎重的畫面留下永恆的記憶，除了新人彼此間感情的自然流露表現外，還必須藉助攝影師的帶動。所以結婚照拍攝的成功與否，其關鍵點在於被拍攝者與攝影師、專業造型師之間的溝通是否完全。

以目前婚妙攝影的拍攝趨勢而言，均以自然、純淨的方式拍攝，使結婚照更生動、更具生命力，表現出個人色彩濃厚的婚照。除了攝影師拍攝手法的不同之外，還可再運用現代化技術，呈現如下的表現風格：

電腦影像合成風格——

以電腦將照片與海報合成製作，此種方式可以不用出外景，想像空間也比較大，往往可以創造出另一種奇異世界。這時化妝色彩是否被眞確的顯現出來，便不是那麼重要了。

寂靜主義風格——

化妝呈現的是自然不造作的感覺，而取材則回歸自然寂靜之處，如空屋、破房子、麥田、稻田、海邊……等空曠處。

懷舊浪漫風格——

畫面的色調多半暈黃，宛如置身時光隧道，化妝色彩也傾向典雅的中明度與彩度。

因此身爲專業的造型師除了化妝專業的素養外，近年來流行的電腦合成、暗房沖洗等特殊方式處理，也是必須自我進修理解的。同時，一般人或許會認爲新娘妝是一種簡單的妝，只需注重表現新娘柔媚的感覺。基本上，此觀念並無錯誤，然因畫面構成，往往型比色彩來得重要，所以在此原則下，不妨先分析新娘個人的特質再進行化妝造型。例如：

圖 a

感謝相片提供／老麥攝影・婚紗、新婚情報

圖 b

●圖 a 、圖 b 、圖 c 三組的新娘造型，其化妝的色彩和運用的技巧均類似，但是因造型、構圖設計、打光手法的不同，自然表現不同的印象。
圖 a 給人柔媚感，由於光集中在臉部，化妝重點也以 眉與紅唇爲突顯焦點。
圖 b 給人高貴典雅感，造型側重頭紗至腰線的整體氣氛烘托。
圖 c 給人俏麗、甜美感，化妝著重整體感。

感謝相片提供／老麥攝影・婚紗、新婚情報

圖 c

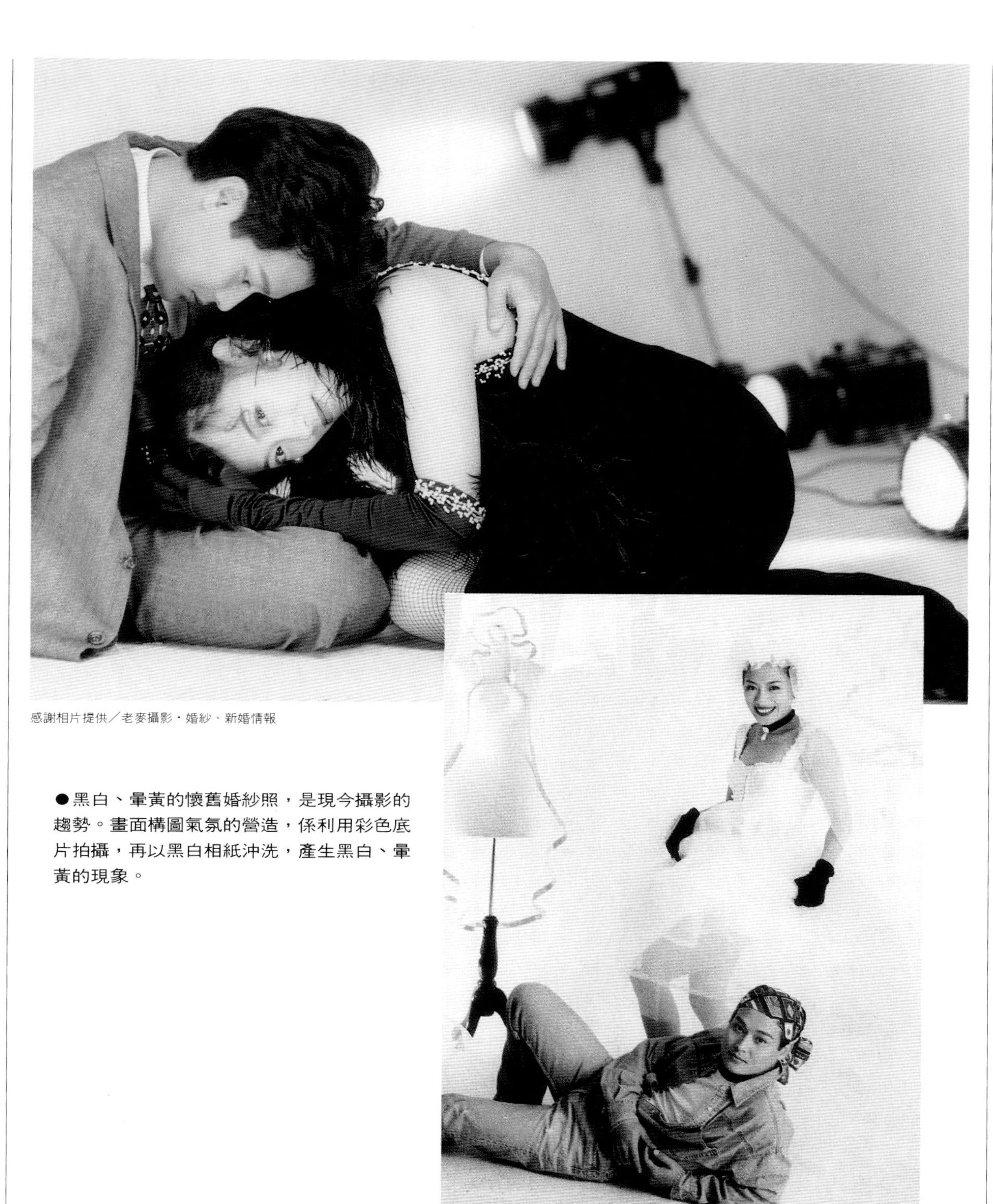

感謝相片提供／老麥攝影・婚紗、新婚情報

●黑白、暈黃的懷舊婚紗照，是現今攝影的趨勢。畫面構圖氣氛的營造，係利用彩色底片拍攝，再以黑白相紙沖洗，產生黑白、暈黃的現象。

感謝相片提供／老麥攝影・婚紗、新婚情報

●戶外的婚紗攝影，會因爲一天中光源的變化產生不同的效果，如上午光源偏青、下午光源偏黃，然而基本上彩妝以淡雅爲宜，可於唇色上或造型上變化。

感謝相片提供／老麥攝影・婚紗、新婚情報

除了以上的攝影概念之外，最重要的是新娘化妝的表現感。在化妝之前應先與新郎和新娘相互溝通，除了口頭溝通外，圖片或實際的服裝樣式、飾品，最好都能提供準新人參考，比較能確定雙方都確實瞭解對方的意思。唯有設計者確實掌握新娘對化妝濃淡的喜愛度、五官的特徵、個性、攝影當天禮服的色彩及攝影的場景，才能化妝出完美的妝容，適時把新娘的喜悅、幸福感覺展現出來。

一般而言，新娘妝基本原則有三點：粉底要持久，整體化妝要自然，而且五官要立體。在色系方面，大地色系如橘色、米色、棕色等搭配白紗的效果十分淡雅自然，色彩之間如果搭配得宜，也可以使臉部更富立體感〔例圖一〕。

〔例圖一〕

●新娘著白紗時，眼影彩妝選擇咖啡色系，較爲自然且耐看。

若須顧慮到晚禮服的顏色時，眼部、唇部色彩的選擇，就須考慮白紗與晚禮服均能通用，避免造成換妝的困擾或產生不協調的情形。

如果是穿著粉紅、桃紅、紫紅、灰紫、大紅、黑色的禮服時，則以選擇粉紅色系化妝，如帶粉紅、藍色、紫色等眼影色彩，搭配桃紅、粉紅、紫紅或正紅的唇膏，使化妝與服裝相呼應，見〔例圖二〕。

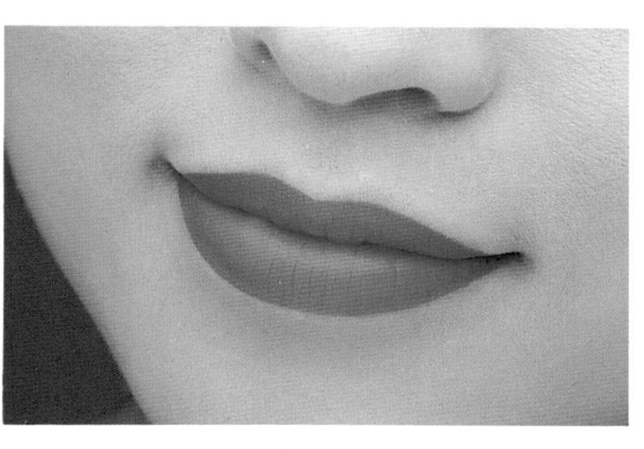

〔例圖二〕

●因東方人的眼睛比較缺乏立體感，如果在眼皮上整片塗擦藍色或紫色，其效果並不理想，最好的折衷方式是只在眼尾部分塗上彩度高的色彩。

攝影／蘇金來

如果禮服是粉橘、象牙白、黃棕色、黃金色時，眼影應採用金黃色系如咖啡色、褐色、黃綠色…等，唇膏則搭配橘紅、朱紅或豆沙紅等。見〔例圖三〕。

〔例圖三〕

攝影／蘇金來

講求流行的新娘，如果選擇一款歐式復古的新娘禮服時，可依新娘的個人臉型，利用眉毛、睫毛及唇部三大重點來表現。眉型強調弧度眉尾稍拉長；睫毛不再一味長而翹，而是只強調眼尾的睫毛；唇部表現圓潤豐滿感。

除了新娘之外，成功的婚紗照的另一關鍵人物便是新郎。平常男性並不化妝，但是爲了配合新娘，使相片畫面協調、柔和，新郎在拍照時，爲不使新郎臉部有油光，並且不會和新娘的臉有黃白對比的滑稽情形，新郎應該打上粉底和撲點蜜粉，如此才會展現出畫面的美感。

重點摘要

簡而言之，非商業用途攝影化妝，就是不帶濃厚商業色彩的攝影化妝，因此，畫面通常可以做比較唯美式的處理。基本上可分類為：

個人專輯攝影、教學攝影、婚紗攝影。

個人專輯攝影是非常富個人風格的，因此作業前必須和當事者明確溝通，屆時才能藉由專業的造型設計，展現個人的風采與特色。

教學攝影則會依主題的不同，使拍攝角度產生差異性。例如，以保養教學為主時，由於講求皮膚潔淨、透明，因此膚質質感的表現非常重要。而以化妝教學為主時，由於是在示範化妝技巧，因此色彩的勻稱度和色彩搭配時的融合度，便須非常注意。此外由於會配合需要而有一些特寫的畫面，像眼睛四周以及鼻頭、嘴角四周，比較容易脫妝的部位便應格外注意，以免得到反效果。

婚紗攝影如果既要拍得精緻，又要拍出女主角的美，同時又不能忽略新郎新娘間的眞情流露，則被攝者、攝影師、造型師之間的溝通是否良好，往往會影響到作品的品質，因此三者之間便必須具備良好的互動性。

婚紗攝影化妝配合現代拍攝手法的多元性，也可以產生多種不同的畫面效果。例如，表現純淨自然風格的、或是懷舊、或是運用現代電腦合成風格的，都各有其表達意境，因此化妝色彩也應配合不同的表現風格，來做適度的調整，才會使畫面效果一氣呵成。

此外，由於每一位新娘都希望自己在婚宴上是最美麗的女主角，因此除了化妝，如何藉由整體的色彩搭配，使新娘的妝扮能既出色又高雅，更是身為專業造型設計者不可忽視的重點。

問題研討

1．何謂非商業攝影化妝試述之？
2．如何掌握個人專輯攝影化妝之要點？
3．如何掌握教學攝影化妝之要點？
4．如何掌握婚紗攝影化妝之要點？
5．新娘妝的基本原則為何？
6．新娘妝如何配合服裝來做適度搭配？

藝術性用途

一般專業的美容師都是以追尋整體美爲目標，在經過長期的磨練與層層的考驗之後，才能夠掌握住化妝的另一種層面——特殊的戲劇造型，如傳統戲劇化妝、歌劇化妝、小劇場之戲劇化妝、電影、電視化妝…等。也就是由個人化妝延伸至詮釋劇中人施展無窮盡之化妝藝術空間。

電視、電影攝影

電視、電影攝影

●此種影像攝影化妝，不需要像平面攝影化妝那麼仔細，妝以清淡自然爲宜，特別是男演員的妝，應像沒上妝般的自然。除非劇情或主題有特殊的需要。

電視錄影大多數採ＥＮＧ拍攝，因爲在棚內錄影時，燈光一般以頂光直接投射在演員身上，或是特寫演員臉部的鏡頭，會使臉型在鏡頭內產生平面感，所以化妝時輪廓立體的創造相當重要。

電影拍攝時，每一場場景都有來自不同角度的燈光設計和處理，燈光對於化妝能產生不同效果的補充作用。例如，增加一支強光在顴骨上，在燈上加上一層紗就能使光線變柔和，或是裝有「燈門」來控制光源，這是爲了色調的明暗所加上的一道補光。電影中放大的臉部，佔滿了整個電影銀幕——在今日的大型銀幕上，一個頭部可超過25英尺高的面積。燈光會暴露其缺點和破壞化妝所設計的預期效果，同樣地，也能更進一步地，以最大限度減弱臉部化妝的問題和缺點。

所以演員化妝在基本上仍以細膩、眞實的化妝來表現，不必刻意過於複雜。爲使造型更符合劇情，可與美術指導直接溝通，做角色分類的設計。有時化妝師還須運用高超的化妝技巧及合理的造型設計，爲演員人物造型增加受傷、受創的戲劇性效果或恐怖的腫瘤爛肉等，透過銀（螢）幕，達到逼眞之視覺效果。

電影、電視中特殊效果的化妝，一般常見的，例如，生病妝、不同年齡妝、老人妝、傷口製造……等，可依其程度利用化妝技巧或特殊顏料等來作處理。例如，一位男性演員從年輕演到老年，其間年齡的變化，就必須藉由線條、明暗陰影、膚色的改變來詮釋，〔見例圖一〕。

〔例圖一〕

素肌

●進行年齡化妝時，應先掌握模特兒本身天然線條和該年齡臉部的特徵。

年輕

●模特兒 35 歲，演較年輕的角色，將肌膚色澤調整的較為白皙，並將髮型中分掩蓋兩側禿頭的現象。

壯年

●壯年時期不宜有人工硬畫的線條，可製造陰影效果。先將膚色加深，眼部利用褐金色眼彩，並以有角度的眉形表現壯年時期的決心與信心，以紅潤的唇色呈現健康感。

中年

●中年時，可以在太陽穴和面頰部用中明度陰影。額頭、眼睛、嘴角和頸部四周出現皺紋、唇色偏暗，同時鬢角漸白，眉也挑白。

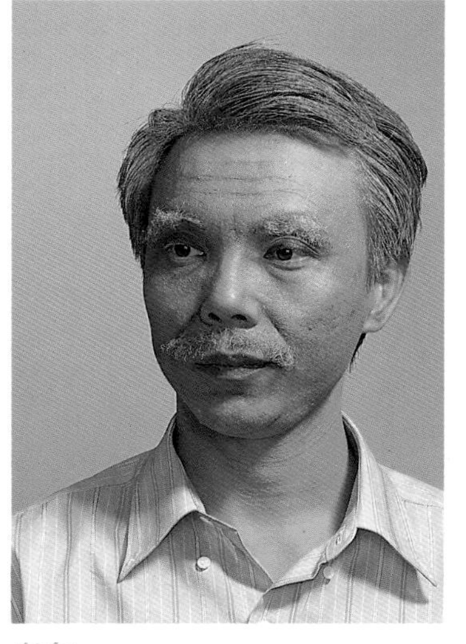

老年

●老年時，陰影和高明點畫得更為顯著，眼睛越形凹陷，同時眼睛下方有重型眼囊，肌膚粗糙而不細緻，臉頰有鬆弛的情形等。眉變灰白而又長，形成八字眉者偏多。

在電視和電影中化妝效果有其不同的基因，那就是電影播放時係放大在大型銀幕上，而電視則是凝縮成比平常目視還小的影像，因此後者更能顯現化妝的效果，而電影妝的表現則比電視妝來得自然、寫實。

舞台戲劇攝影

舞台戲劇化妝的造型設計要考慮劇情的內容及人物角色之個性與妝扮、服飾的設計……等，一般而言，造型較誇張，色彩亦較強烈，同時必須考慮視野的寬廣，尤其是時代背景的考究。在造型上，東、西方因文化背景的不同，形成造型上也有其差異性，東方在舞台呈現強烈的肢體語言，強調民族色彩及文化特色；西方則強調造型輪廓的立體，線條的俐落，呈現西方文藝的儒雅風尙。

舞台戲劇化妝取決於專業化妝師對戲劇內容的詮釋能力，涉及本身在文學、藝術方面的修養及對劇中時代背景是否下過一番工夫研究，才能幫助化妝技巧的運用，使觀衆在遠距離情況下仍能清楚由舞台上人物的造型，看出角色特色及臉部表情。

在舞台上由於台上角色與觀衆之間有相當距離，又不可能有像電視、電影一樣的「特寫」鏡頭，同時受到舞台現場燈光、距離、舞台大小的影響。所以化妝師常常被迫需要牽就燈光的效果，因此，有經驗的化妝師會掌握實際的舞台狀況，再利用色彩的濃淡、線條粗細來誇張效果，顯現五官的表情，加強舞台戲劇效果性。不過若是講求與觀衆間互動性爲主的小劇場，化妝通常較無需誇張表現。

以東方傳說爲主題的人物造型

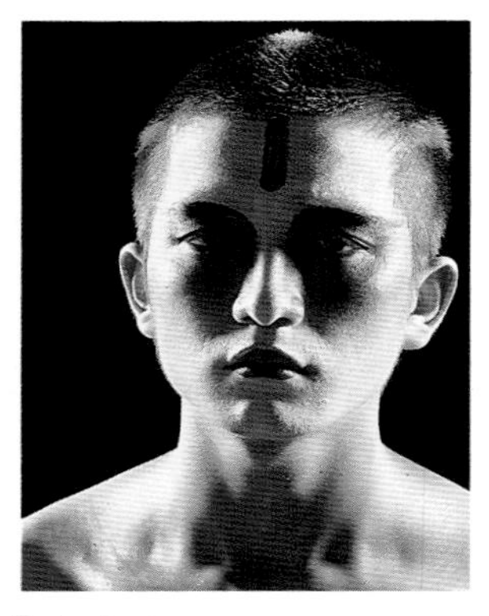

「白水」

●臨界點劇像錄赴歐洲表演時的「白水」一劇，劇中白素貞的造型。以傳統靑衣加以造型成爲現代劇的方式，以男演員反串女性角色，額頭破相象徵式的強調精怪造型。

「目連救母」

●臨界點劇像錄「目連救母」劇中，目連的造型。

●以強烈的色彩表現，配合神格化的造型，以金色點出莊嚴肅穆的第三眼及救世的心情。以藍色、紫色顯現出主色調。

燈光影響化妝可分爲以下幾項來看：

粉底

因爲微弱不足的光線，使得原本稍暗的粉底變得更濁，若因劇中人原本的膚色需求是深色，則可以使用一般正常的粉底層層加深即可，若是一下子就加深粉底，想要修改時就較麻煩，有時甚至於要先卸妝才能做修改。

檢查的方式，在正式彩排時，請演員站在個人主要光源區，上下左右地轉幾個角度，看看是否太深或太淡，化妝設計是否符合舞台效果……等

眼部、眉型

眼部是演員的靈魂，眼影及眉也是反映人物角色個性、健康、年齡……等重要的依據。

檢查要點：在舞台燈的照射下眼影的反光不能太亮，最好使用不含銀粉之眼影。但特殊表現則不在此限，如在眼皮上點上反光的金色或銀色的眼影，則可以強調出眼睛的效果。

若眉是黏上去的，則要注意會不會因爲汗水或動作過大而掉落。

唇部

色彩的運用在本節不另加描述，但是男性和女性角色的唇色有其差異性。男性的唇通常表現強烈的個性及戲感，色彩運用較爲暗沈，如，褐色、磚紅色、深藍色…等，不適宜太亮麗，萬一過油反光，可以用化妝紙吸去油份，或則是加上蜜粉調整。

相反地，年輕女性的唇色，多半較具透明感，反而要強調明亮的感覺，不過適切反應女性角色的年齡時，則同男性一樣，唇膏不可反光。

腮紅

因燈光在顴骨及側面的影響，使得修飾臉型個性的腮紅表現感有所不同，可依人臉部胖瘦選用褐色或紅色調整，範圍大小、形狀則依角色的變化而定。

另外，受舞台大小、高低與觀衆遠近的影響，化妝當然也就要稍有不同：

一般實驗劇場化妝

●實驗劇場一般與觀衆的距離非常的近，內容傳訴的都是近似現代人生活的故事。
化妝以一般性爲宜，以柔和的色彩展現眞實自然的彩妝。

總而言之，舞台戲劇化妝除了多練習之外，還有就是要勤記錄和多觀察，這對增加自己的技巧而言是相當的重要。專業的您也可以運用照像去攝取各種年齡及階層的人做爲資料，練習並掌握化妝重點，至於燈光部分，建議各位實際去了解各種燈光的特性，如此才能完成最佳的舞台化妝。

小舞台化妝

●小舞台，表演者與觀衆的距離比實驗劇遠些，化妝上只要掌握簡單要訣即可。

例如：粉底要白使膚色柔細潔淨白嫩，以視覺的感覺去掌握五官色彩的濃度，唇膏務求亮麗，眼部可裝戴假睫毛，化妝整體要顯得乾淨自然。

大舞台化妝

●大舞台，由於表演空間大，與觀衆的距離也較遠，只要遠看能表現美感即可。

粉底也要白，強調臉型的立體感，所以依其骨骼輪廓修飾，以視覺看呈塊狀感。眉毛雖然可粗些，但要有柔和的感覺。眼部化妝方面，若用金色則需加上橘紅色才能突顯，同時注重眼線的描劃並強調眼尾。外唇的唇線可用咖啡色的唇筆勾邊，下唇中央用亮晶唇膏強調，最後裝上一副濃密而長的睫毛。

Ｖ８攝影化妝

小型錄放影機目前十分普遍，在全家出遊、婚宴、晚宴場合都會用到。

但是透過攝影機的鏡頭，臉部會有放大的感覺，因此利用化妝修飾臉型是絕對必要的。因爲鏡頭放大，容易讓人臉看來加寬不少，所以粉底的色彩不要太白，否則會有膨脹拉寬的反效果，宜採近似肌膚色澤的粉底，再以深、淺修容餅來修飾臉型，加強臉部立體感。修飾臉型時，先在臉上略爲假想出大致的蛋型臉，在較豐腴的部位刷上深色、暗色有縮小面積的效果。

除此之外，光源的運用也會影響Ｖ８人物攝影的效果。

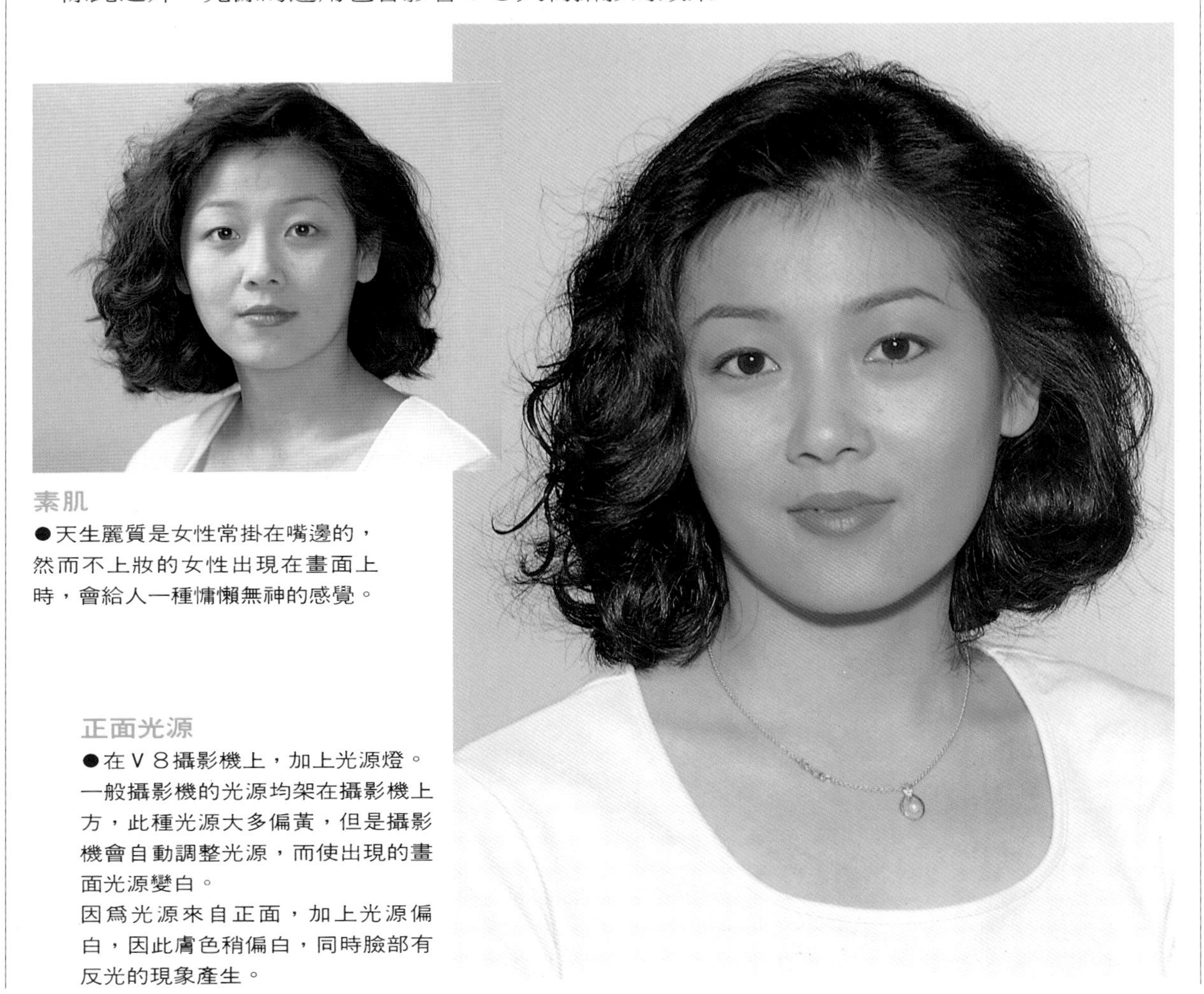

素肌

●天生麗質是女性常掛在嘴邊的，然而不上妝的女性出現在畫面上時，會給人一種慵懶無神的感覺。

正面光源

●在Ｖ８攝影機上，加上光源燈。一般攝影機的光源均架在攝影機上方，此種光源大多偏黃，但是攝影機會自動調整光源，而使出現的畫面光源變白。

因爲光源來自正面，加上光源偏白，因此膚色稍偏白，同時臉部有反光的現象產生。

拍攝Ｖ８時，爲使整卷畫面都很完美，除了化妝之外，更要留意拍攝的光源與角度、背景的取鏡……等問題。

頂光源

●利用室內光源，光源由天花板而下。
光源由上而下，臉上產生多處的陰影現象，眼袋變明顯，法令紋也產生了。

側光源

●如果站在檯燈旁拍攝時，光源來自側面。
檯燈會吃掉頂上的日光燈，如果人站在檯燈側面拍攝時，臉部產生明顯的明暗對差，整個畫面偏暗。

重點摘要

強調藝術性用途的攝影化妝，與前述最大的不同在於此種化妝往往以詮釋人物性格為主，而像這樣的詮釋透過想像與創作空間，可以悠游於傳統與現代之間，使化妝藝術達到無窮盡的施展。

例如，透過電視、電影來展現的戲劇化妝，是比較傾向於生活化的寫實表達，化妝時主要需考慮到必須符合生活化的原則，除非劇情有特殊要求，才要設計特別的化妝造型。

此外光源的變化，也會因場景的變化而較具豐富性（即較有差異變化），為使造型更符合劇情，事先與美術指導充分溝通是很重要的。其次配合劇情需要，有時更須加入特殊化妝，例如，演員角色由年輕到老，或是受傷的刀疤、潰爛……等，都需要化妝設計師來完成。當然有些屬於高難度的特殊化妝，則需要藉由受過專門訓練的人來負責。

舞台表演的戲劇化妝，則因舞台場景的變化而有限，比較需要注意的則是須應先了解是屬於小劇場或大劇場。若是前者由於表演者與觀者的距離近，彼此互動性強，化妝較無需誇張；若是後者則由於空間距離大，表演者往往需要藉由較為誇張的化妝設計及肢體語言動作，讓觀者容易被劇情引導而產生共鳴。

在化妝上此類的掌握重點，必須配合角色做出造型設計，例如，不同角色在眉毛、膚色、唇色、腮紅上的表現，如能適度把握，角色性格往往更能鮮活的呈現出來。

而屬於大眾型的Ｖ８攝影，則通常都是取材於生活實景，是偏向記錄性的攝影，因此也是僅需生活化的表現即可，比較需要注意的則是加強臉部的立體感以及拍攝時光源、角度、背景……等要素。

問題研討

１・藝術攝影化妝的掌握要點為何？
２・電視、電影的戲劇化妝應把握哪些要點？
３・舞台的戲劇化妝應把握哪些要點？
４・Ｖ８攝影化妝應把握哪些要點？
５・請以實例說明大、小舞台的化妝表現。

第3章
攝影化妝之掌握要領

化妝並不只是在著色，尤其是攝影的效果，講求的是造型的角度，每個造型並非各個角度都是完美的。

所以一位專業的化妝設計者，就需要同時掌握形態學、色彩學和色彩心理學…等的概念和技巧，再加以融會運用，產生具有美感的錯覺，巧妙的展現造型設計的功效。

臉部的構造與特徵

所謂的「形態學」，就是指臉部的骨骼生長。熟知臉部肌肉的骨骼架構和肌肉上的脂肪，就不難理解影響臉部光及陰影的現象，此外五官和表情也是由骨骼與脂肪來決定的，所以正確掌握臉部的五官、比例、輪廓、線條…等，才能夠適度的運用錯覺來修飾創造美感。

臉部的比例

了解各種臉型之前，最好能夠先掌握臉部構造的標準比例。以身體來說就是頭部的大小與身長的平衡度；以臉部來說就是指眼部、鼻子、唇部等對全臉的平衡度，但是理想的臉型會因性別、種族與時代的不同，而有不同的標準。

理論上，我們可由下列描述及所附之圖來說明標準的臉型比例：

臉的長度

從額頭髮際到下顎爲臉的長度，將其分成三等份，由髮際到眉毛、眉毛到鼻尖、鼻尖到下巴尖端。

臉的寬度

理想的臉型寬幅爲五個眼睛的長度爲最美。臉型兩邊是否對稱，以垂直線通過臉型中央分成兩個相等部分來觀察。

側面的輪廓

標準的側面輪廓，鼻尖、上唇、下唇和下巴均在同一條延長線上。

五官的標準比例

- 眉毛的位置：全臉長由上開始的1／3線上。
- 小鼻子的位置：全臉長由上開始的2／3線上。
- 唇的位置：由鼻尖至下巴分成二等分，下唇的下線則在二等分處。
- 眼的位置：在髮際和嘴角連接線的1／2處。
- 眼寬：雙眼之間大約可再放入一隻眼睛的寬度。
- 鼻寬：和眼寬相同。
- 唇寬：在瞳孔內側的下垂線稍內側。
- 眉長：眉頭在眼頭正上方；眉尾在小鼻子與眼尾相連之延長線上。

臉部的比例

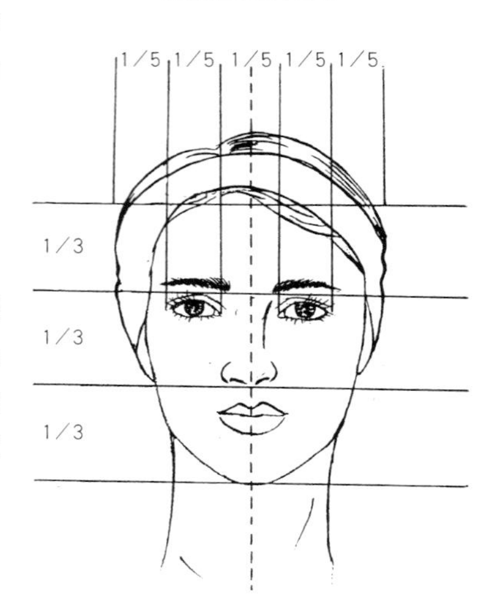

側面的輪廓

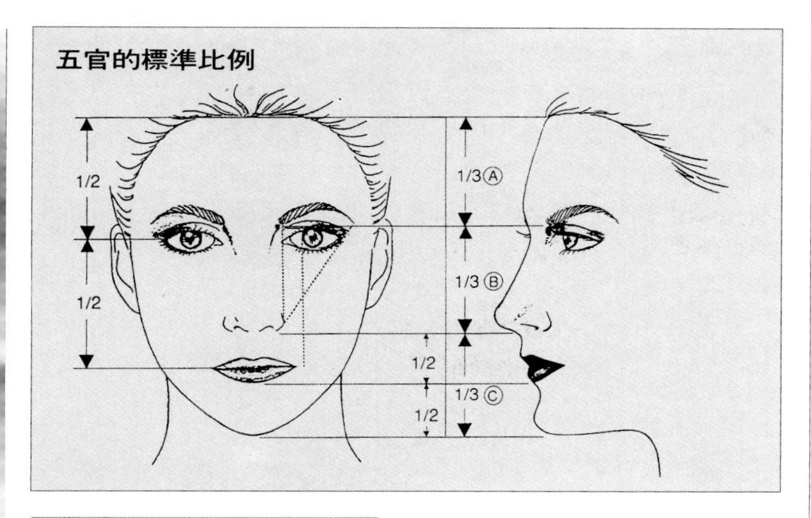

同時臉部的輪廓會受額頭、眉骨、太陽穴、顴骨、下顎等部位的差異，而形成不同特色與感覺的臉型：

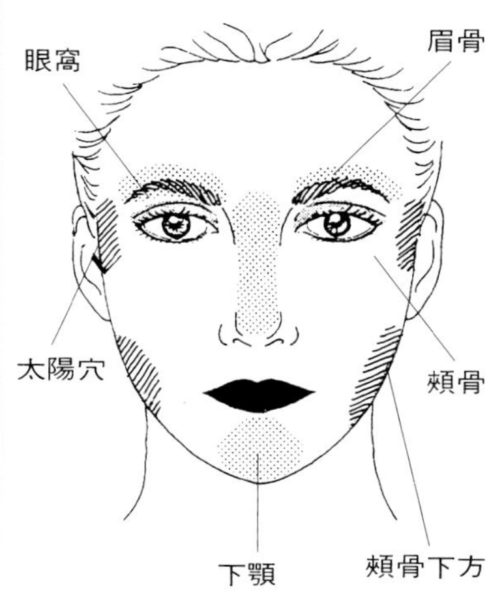

臉部的結構

化妝和在紙上作畫不同，它是一種針對臉部構造、表情施以立體方法加以美化的技法。因此專業設計師在化妝之前，理解臉部構造是基本不可缺的。

骨骼

頭部和臉部是由被稱爲頭蓋骨的骨骼所構成，頭蓋骨大體分爲兩類〔見下圖〕：

●腦的頭蓋骨：頭蓋骨由前頭骨、頭頂骨、後頭骨、側頭骨構成。因人種的不同在頭蓋骨的構造上也不同，但其特徵則不會因年齡而有所差異。

●臉的顏面骨：由頰骨、鼻骨、下顎骨、上顎骨構成。顏面骨會因年齡而出現大的變化。

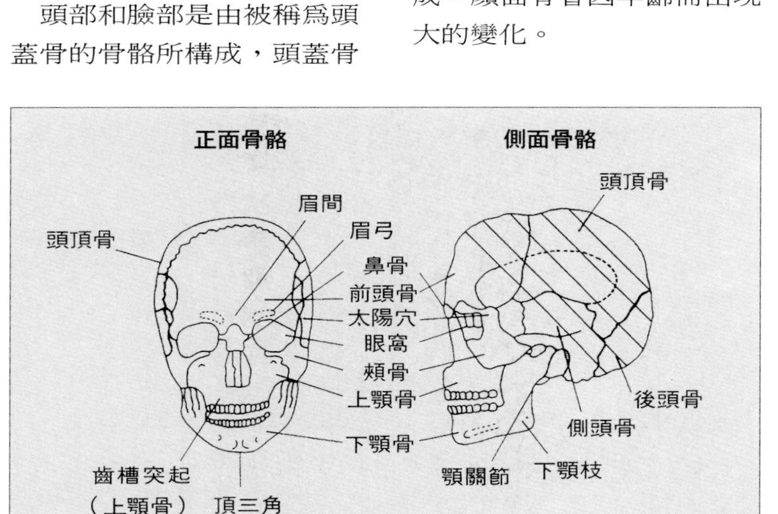

額頭形狀

額頭的形狀由前頭骨的形狀、頭髮髮際的外形而決定。同時額頭的寬窄度、凹凸度，也會影響到一個人外在的印象：

●額頭寬：理智、聰明。

●額頭窄：順從、溫柔、嬌柔。

●額頭直線（平坦）：理智、聰明，成年男性多半屬於此型。

●額頭曲線（圓）：可愛、溫柔、嬌柔、稚氣，女性及小孩多半屬於此型。

下顎的形狀

下顎骨因人而有很大的差異，是決定全臉的均衡度和臉下半部輪廓的重要因素：

● 瘦削←纖細、瘦弱、高雅。

● 帶角←意志堅強、活動的、充滿活力的。

下顎的形狀會因年齡的增長，以致牙齒脫落或齒槽被吸收，下顎尖端就會向前突出。

筋肉

臉部的筋肉分成表情筋和咀嚼筋，會對肌膚的張力產生影響。例如，太陽穴，年輕時由於筋肉有彈性並不明顯，但因急劇消瘦和年齡的增加，而使此部分的肌肉凹陷；頰骨即會明顯並給人年老疲憊的印象。

所謂的表情筋是掌理顏面動作（表情）的筋肉，由於表情的反覆運動而產生表情紋。

而咀嚼筋就是進行咀嚼運動以嚼碎食物的筋肉。

所以化妝時要掌握住對方的習慣性表情，如微笑時，口圈筋和笑筋、頰骨筋整個帶動往上拉，所以描劃唇型時，嘴角不妨稍微上揚，使牽動時更能表現出自然的美感。

脂肪

脂肪是在創造臉部的豐腴，尤其是在頰骨下方的凹陷處長有頰部脂肪，由於此部分脂肪生長方式的關係，會使臉頰呈現豐腴或是瘦削的不同感覺。此外，這部分的脂肪如因生病或年齡增長等而衰退時，雙頰即會塌陷，同時頰骨便會因此而變得明顯。

●脂肪量多：稚氣的、年輕的、天眞爛漫的、溫柔的、沈穩的（女性、小孩多半屬於此型）

●脂肪量少：成熟的、野性的、冷峻的（成熟男性多半屬於此類型）

皮膚

皮膚的狀態和膚色，因人種、年齡、健康狀態（包括：精神狀況）、生活環境……等而不同。除此，皮膚本身原本就擁有的「等穩性」，也會使皮膚在承受內、外在的影響因素時，產生不同的反應狀態。

臉的形狀

臉型由額頭、太陽穴、雙頰、下顎構成，一般而言，臉型約可分為下列七種：

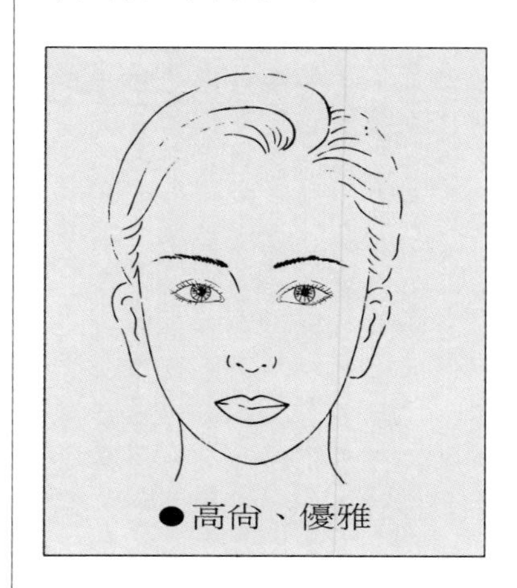

●高尚、優雅

蛋型（標準）

●蛋型臉是最理想的臉型。額頭的部分寬闊，彷彿是將蛋倒過來的臉。

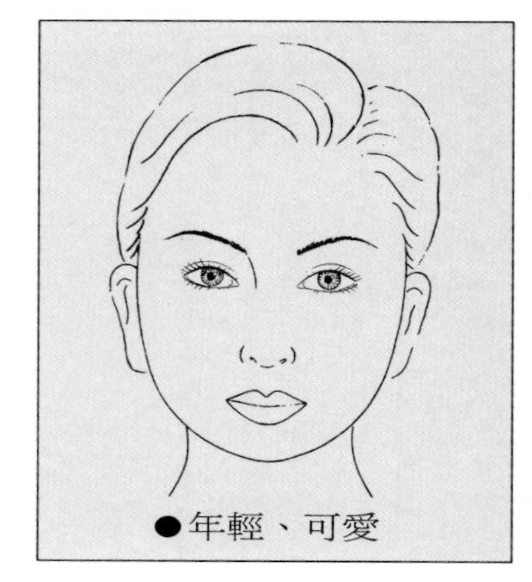

●年輕、可愛

圓型

●屬於短臉形的一種，臉圓而豐腴，臉長與寬大致相同。全體說來由髮線到下方的顎部均呈圓形線條，頰骨平緩。

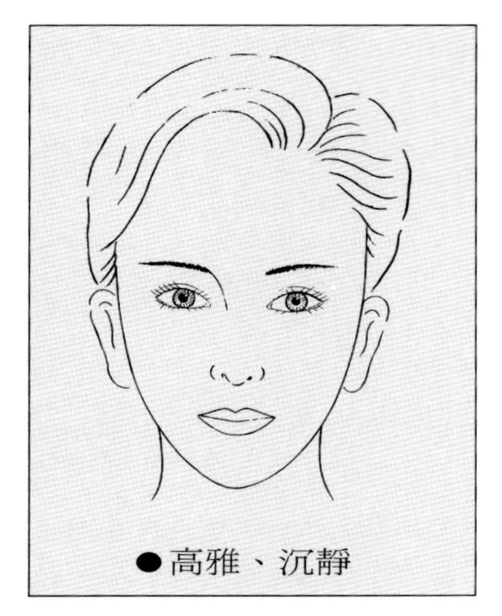

長型

●此種臉型寬度較窄是瘦削而長的臉形。髮線接近水平且額頭高，面頰線條較直，顎部突出、角度分明。

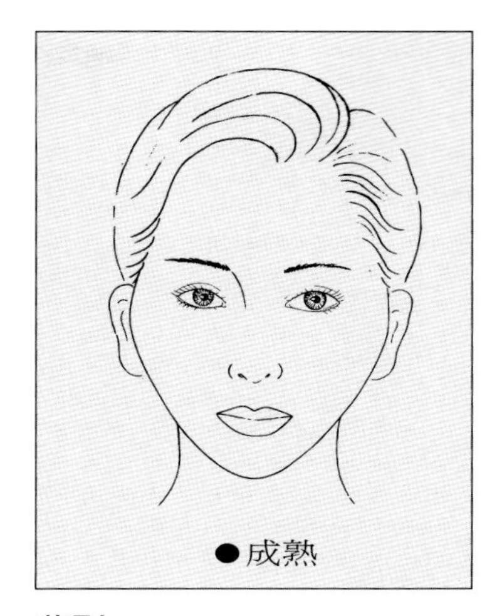

菱型

●額頭窄、頰骨高，下顎線纖細，爲較少有角度的臉，髮線從太陽穴的最低處開始上延至額頭中央的最高處。

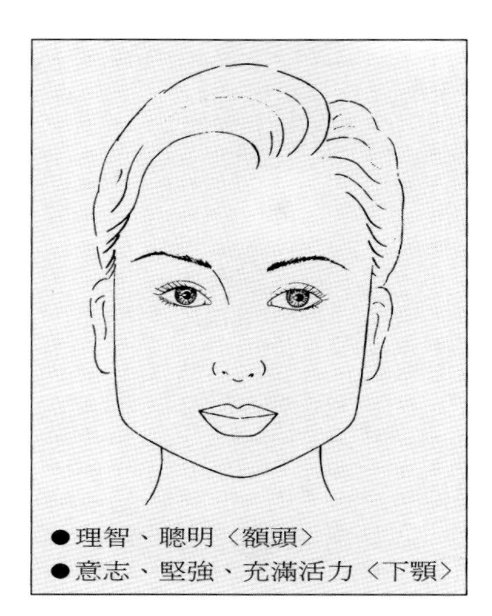

方型

●是一種額頭寬闊，上額髮線呈水平，下顎帶角，顎線呈方形的臉。

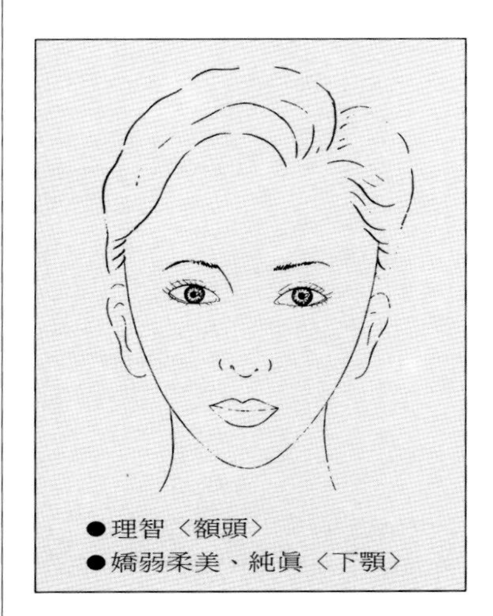

逆三角型

●額頭寬闊，下顎線呈瘦削，下巴既窄又尖的臉。亦是一種近代美人形的臉。髮線大都是呈水平，且有些人在額頭髮際處會有所謂「美人尖」。

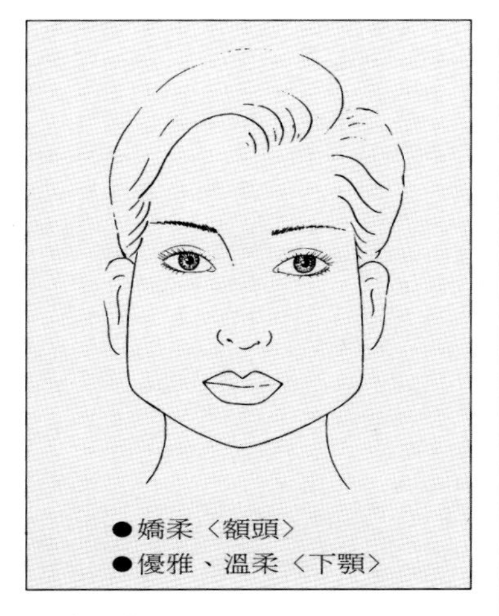

三角型

●此種臉型額頭窄，兩腮寬大，下顎線豐腴，帶有角度，髮線呈圓形。

臉型雖然分成很多種，但我們也必須注意，一般人的臉型通常是兩種臉型的混合型。因之，想要將一個人的臉型硬歸類於某一臉型恐怕不太容易。所以在觀察、認識對方臉型時，可先由臉部標準型態美的比例先做分析，再配合臉部輪廓的特徵，即可做好化妝設計。

臉的各個部分和印象

眼睛、鼻子、嘴巴通常是一個人最容易吸引他人視線的部位。所以要掌握模特兒的個性，不妨先觀察這些部分，再配合所要表現的主題進行化妝設計。

眼部

眼睛可傳遞出柔和或嚴肅、軟弱或銳利、憂鬱或歡樂的神情，所以在整體美中，女性的雙眸是相當重要的一環。如果想要利用化妝改變眼部的外觀，就必須先好好觀察眼部各個部位。

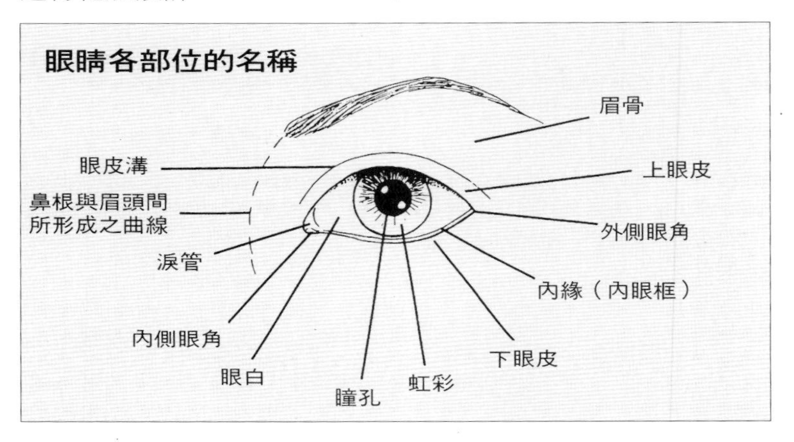

眼部的印象，會因眼部在整臉中的大小、眼瞼脂肪的生長程度、眉骨和鼻根部的高低和眼尾的狀態，而各有不同的眼型，例如，單眼皮、雙眼皮、內雙等。

- 單眼皮：文靜、聰明、孤寂、典雅。
- 雙眼皮：明朗、活潑、開放。
- 上眼瞼脂肪多：年輕、可愛、健康。
- 上眼瞼脂肪少：成熟、野性。

眼部的標準比例

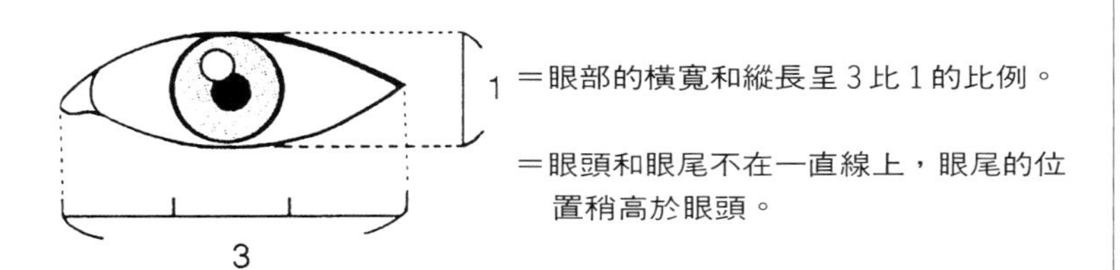

如果眼睛的某一部分並不理想或者眼部所有部位的組合不理想時，就可以運用化妝的色彩明暗及線條的增減方法來修飾眼型。

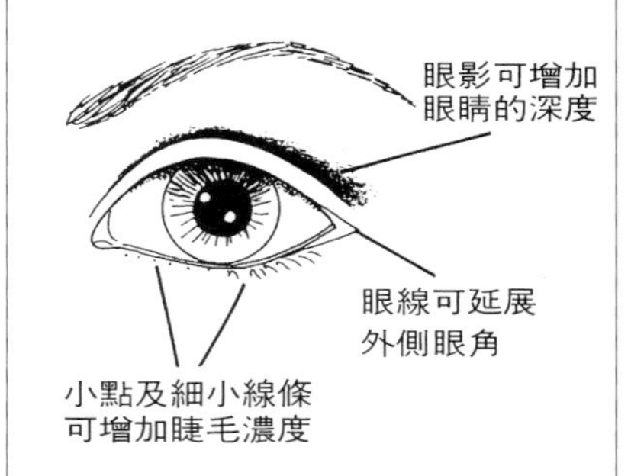

眼型的印象

圓而大的眼

●開放、明朗　●活潑

細長的眼

●沈穩、嬌柔　●高雅

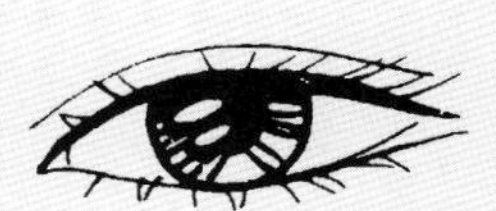

眼尾上揚的眼

●理智、機伶　●成熟

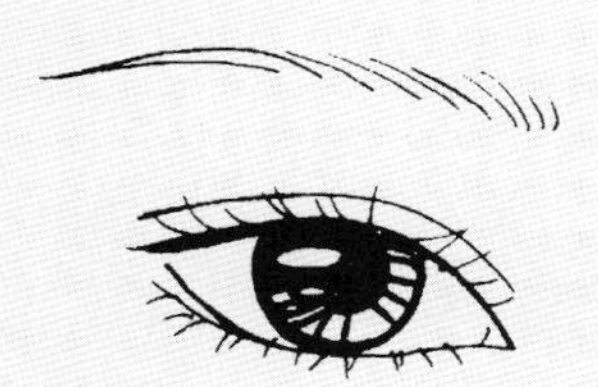

眼尾下垂的眼

●優雅　●溫順、嬌柔

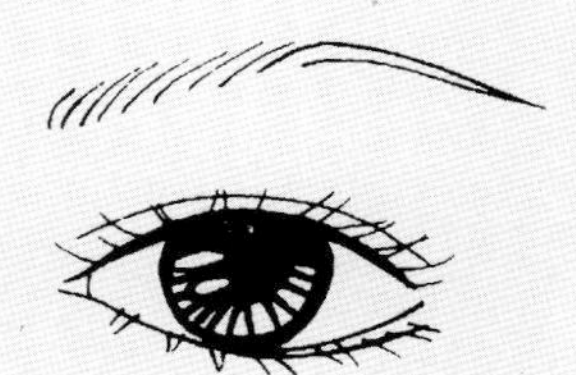

凹陷的眼

●理智而成熟

浮腫的眼

●穩靜

兩眼距離窄的眼

●理智

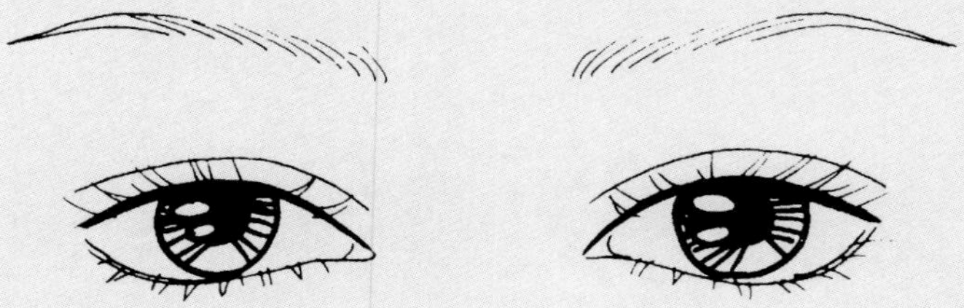

兩眼距離寬的眼

●稚氣、純真

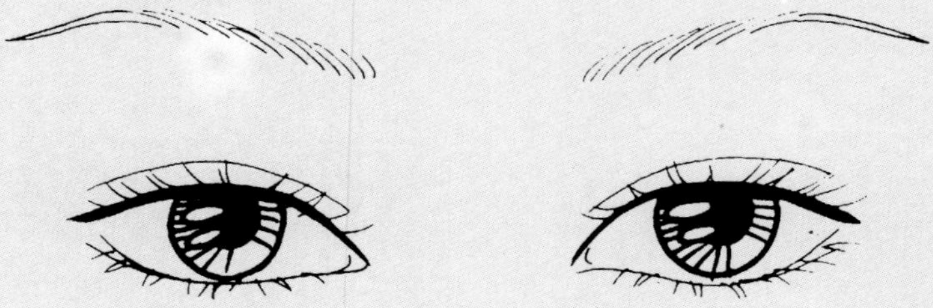

眉毛

眉毛在臉部線條中扮演著極為重要的角色。眉毛的印象因眉的形狀、方向、粗細以及顏色、雙眉的間隔、眉骨的高度等而不同。眉毛甚至可以改變臉的寬度與長度給人的視覺效果。

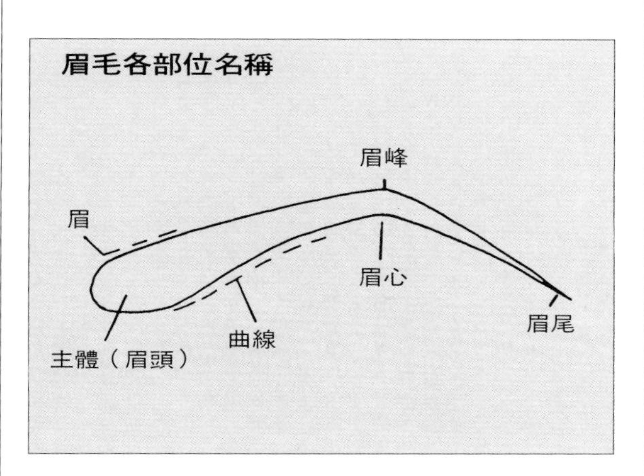

●理想的眉毛是眉頭起點處最濃密，愈向眉尾則逐漸變細。眉毛的濃密程度應配合臉型來決定。

眉毛的標準比例

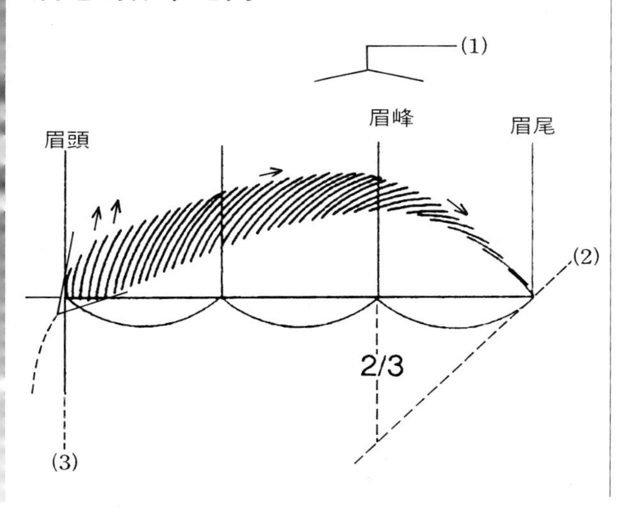

⑴眉峰在距離眉頭約２／３的稍內側處，眉峰以大約１３５度的曲線最美。
⑵眉毛的長度，在小鼻子與眼尾的延長線上
⑶眉頭在眼頭直上方，並與眉尾在一直線上

眉毛的印象

眉高（突出度）：

●高：端正、異國的（大人、男性、西方人）。
●低：年輕、明朗、東方的、優美、優雅、穩靜（孩童、女性、東方人）。
●濃眉：強壯的、剛毅的（大人）。
●淡眉：柔和的、安詳的、純眞的(孩童)。
●粗眉：剛毅的（男性、孩童）。
●細眉：纖細的（女性、大人）。
●長眉：成熟的（大人）。
●短眉：孩子氣的、年輕的、可愛的（孩童）。
●上揚眉：東方的、嚴肅的、理智的、充滿動力感的。
●下垂眉：安詳的、穩靜的、憂愁的。

雙眉的間隔：

●寬：可愛的、年輕的、明朗的、穩靜的。
●窄：理智的、成熟的、易給人緊迫感。

鼻子

鼻子係由連接鼻骨(額骨垂下生出的部分)和鼻頭的鼻軟骨構成。

鼻子各部位名稱

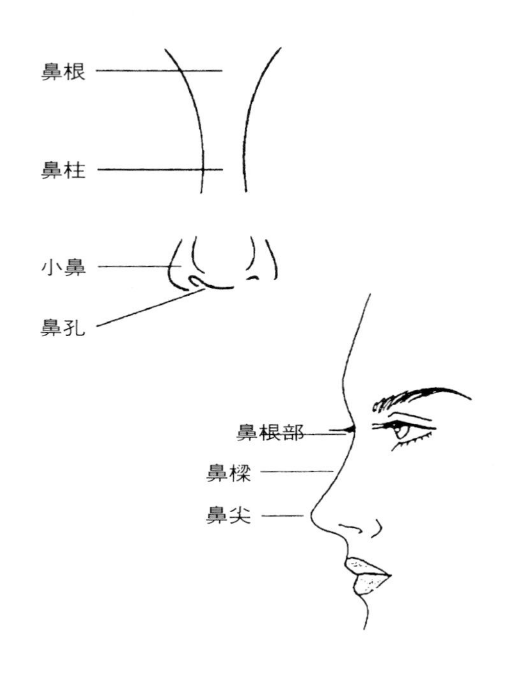

鼻子的位置

鼻子位於兩眼中央之橫線與鼻柱之垂直線的交叉點。

鼻子的印象

●高度(鼻根部、鼻樑):西方人的鼻根部較東方人高,額頭到鼻尖的線較平緩。

●長度(鼻樑):鼻子的長度由於與下顎骨的成長成比例,因此大人較小孩長。

●粗細(鼻樑)和小鼻子的大小:鼻樑的粗細因性別和年齡而不同,男性較女性粗,大人較小孩粗。

唇部

唇部是臉龐上最富於表情的部位。對女性而言,唇其實是女性美醜分界上重要的指標之一。

唇的名稱

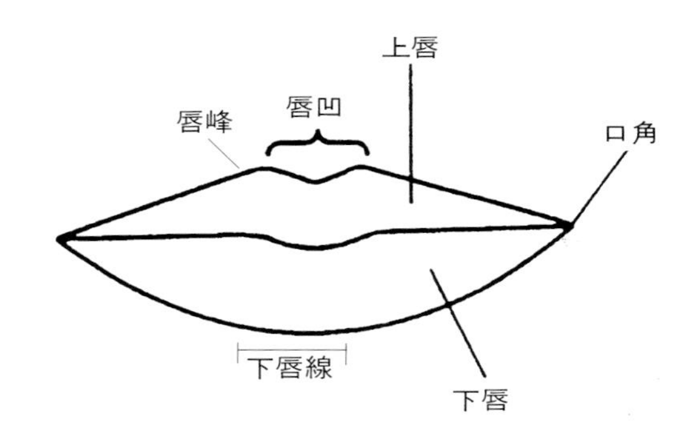

唇部的標準比例

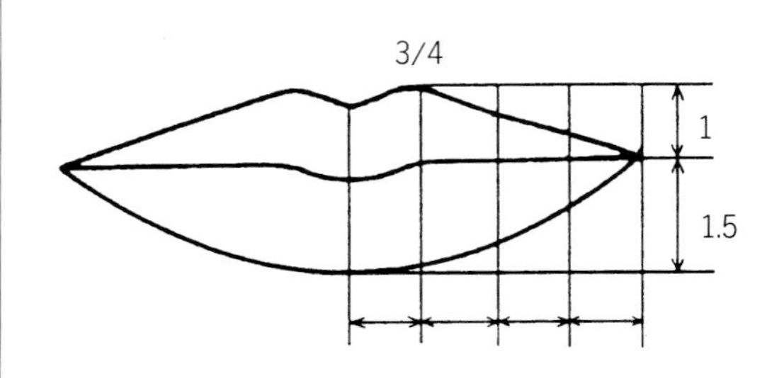

●上唇與下唇的厚度呈1:1.5的比例
●唇峰在嘴角到唇中央約3/4的位置上
●唇凹中心點,應與鼻尖及下巴成一直線

唇部的印象

唇部的印象因唇的厚薄、大小、嘴角的形狀而異：

●菱角嘴：和藹可親。
●俏厚型：嬌媚性感。
●豐腴型：熱誠。
●方　型：冷靜、智慧。
●薄而微翹：俏麗灑脫。

唇的外形因咀嚼器官（上下顎及牙齒）的發育狀況而異，對前齒的突出度、牙齒排列的整齊與否、牙齒的外形和大小等，會產生很大的關連。在乳幼兒期由於咀嚼器官未發達，因此唇會有小而弱的感覺，一旦長到成人，唇的輪廓即會清晰，而顯現強有力的感覺。不過隨著年齡的漸趨老化，唇的輪廓又會變得不明顯。

此外，唇的厚度和突出度也會顯現人種的特徵。

重點摘要

化妝基本上是藉由「色彩」與「型」的修飾與搭配，來表現效果的一項工作，然而當化妝必須透過攝影鏡頭表現時，由於會受到光的影響，因此欲使呈現的作品具有專業水準，就應熟悉臉部五官的比例、構造、形狀、不同的表現印象，而這些正是綜合了色彩學、形態學、色彩心理學等知識，才能完成的工作。

雖然就臉型來說，長圓各有其型，但是若站在形態的觀點而論，不論任何形狀只要能掌握各個部位的基本比例，在進行化妝修飾時就不會有太大的困難了。

例如，與臉部有關的是頭蓋骨與顏面骨，前者不會因年齡而出現差異；後者則會因年齡而出現大的變化。而臉型的影響因素有額頭、眉骨、顴骨、太陽穴、下顎等，事實上這些部位也都是修飾臉型時必須考慮的部分。

除了骨骼會影響到臉部構造，筋肉、脂肪的生長以及皮膚，同樣是具有影響性的要素。此外若要在造型中靈活的運用形態學，則應進一步熟悉五官各個部位的表現印象，以便能夠配合主題給予適當的修飾，例如眉毛的形狀、粗細，眼睛的大小細圓，鼻子的高低寬窄，唇的厚薄大小等，都各有不同的感覺，有的性感成熟，有的冷靜理智，有的則是親切可愛，這些不同的表現特色，往往能使造型產生多樣化的變化風格，使造型更具豐富性。

問題研討

1. 可以運用哪些方法判斷臉的比例標準？
2. 請說出臉部五官位置的比例標準。
3. 請用圖示的方式說明臉部凹凸的部位。
4. 請分述額頭、下顎因形狀而呈現的印象。
5. 請分述各種臉型的特徵。
6. 眼型、眉型的表現印象會受到哪些因素的影響？

色彩與化妝之互動關係

細審當今，便不難發現現代人的生活幾乎無法脫離「色彩」，舉凡食、衣、住、行、育、樂等相關的物品，在設計及購買時，「色彩」的因素都佔著相當重要的地位。身爲專業的設計者，若能清晰的掌握住色彩的感情及意象，即能夠適度的運用色彩的搭配，並藉由線與形的變化，使造型更加出色生動。

色彩的聯想和意象

什麼樣的顏色具有什麼樣的意象？嚴格說來，同樣一個顏色，每個人的感受並不一致，（因爲牽涉到年齡、性別、性格、環境、時代、職業、民族…等的差異），因而很難有著肯定的答覆。

但是，人們仍然可以找出某種共通的感覺。例如，橘子最初是綠色，出現橙色後才漸趨成熟，因此，綠色讓人感覺年輕而新鮮，具有不成熟的意義，也和年輕的意象相通；另一方面，橙色則產生成熟、飽滿的感覺。

至於由色彩所引發的心理感覺，包括，寒冷與溫暖、輕與重、柔和與堅硬、興奮與沈靜、華麗與樸素…等所有的感覺，使各色所具有的意義（意象）相關聯形成色彩的意象。色彩的意象，就如同一個人的性格和形象一樣，是人們對色彩的綜合性認定。

在進行化妝造型設計時，色彩意象的運用是否得宜十分重要。因爲表現的意象要是不適當，設計的靈感再好，配色調和再美，也不會是成功的造型設計。譬如，紳士的造型要表現雅緻而穩重的色彩意象；夏日熱帶情調的造型則要表現熱情而清爽的色彩意象。

色彩意象的產生，除了受色相不同的影響之外，另外，彩度高低和明度高低的色調因素，對色彩意象的影響也很大。所以只要充分理解色彩的意象，在配色時，便可以充分發揮色彩的效果。

以下是九種基本色相的具體聯想與抽象聯想：

色 相	具體聯想	抽象聯想
	火、夕陽、血、旭日	刺激、熱情、危險、溫暖、挑逗、衝動
	橘子、柳丁、紅柿、南瓜	成熟、幸福、明朗、活力、積極、飽滿
	香蕉、月亮、黃金、黃菊	明快、活潑、注意、猜忌、野心
	樹葉、草皮、山脈、郵差、綠燈	年輕、新鮮、平安、希望、環保
	海洋、湖泊、藍天、泳池	涼爽、安定、理智、沉靜、自由、和平
	紫羅蘭、茄子、葡萄	高貴、神秘、典雅、迷惑、權威
	新娘、白雪、冰塊、護士	純潔、神聖、清晰、脫俗、清純
	水泥、陰天、鋼鐵、冬天	失望、空虛、消極、樸素、隨和
	黑夜、頭髮、煤炭、墨汁、黑人	理智、厚重、悲哀、死亡

色彩的具體聯想與抽象聯想

下面即將色彩綜合明度（顏色的明暗度）、彩度（顏色的鮮艷度）而形成的色調加以分類，以圖表呈現：

色彩綜合明度、彩度的色調分類

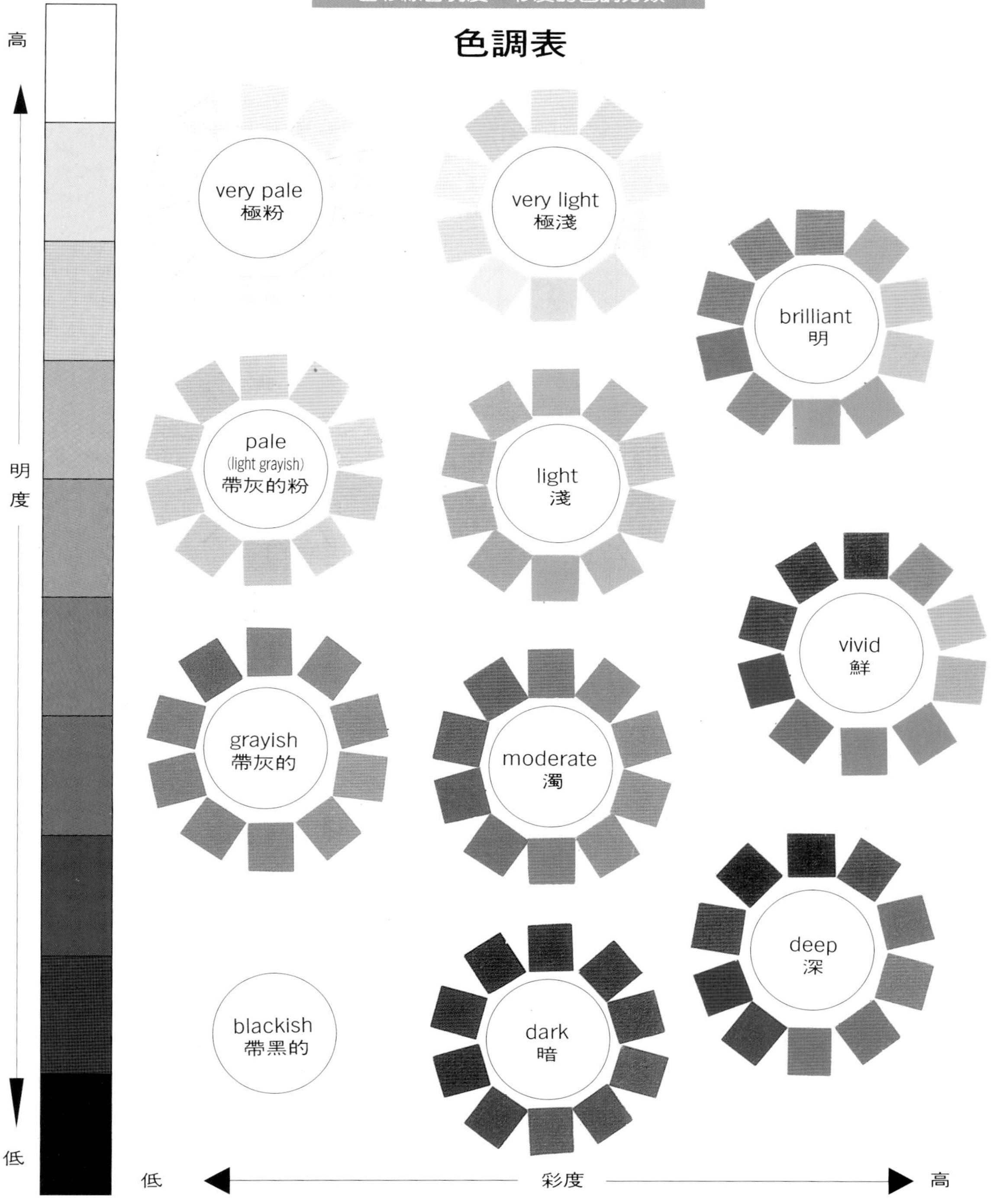

不同色調的印象表現

數值表示 / 明度（高 → 低）

數值	色調	印象
	W（白）	純潔、清潔、清爽、高雅、柔和、舒服、正直、明朗、飄逸、和平、天眞、神聖
8.5 ↓ 7.5	ltgy（淺灰）	柔和、高雅、清爽、高尙、樸素、舒服、大方、端莊、明朗、隨和、沒生氣、金屬感
5.5 ↓ 4.5	mgy（中灰）	灰暗、混濁、穩重、沉悶、沒生氣、高貴、老氣、沉重、憂鬱、消極、成熟、文雅、老鼠、神秘
3.5 ↓ 2.4	dkgy（暗灰）	迷惘、陰暗、潮濕、沈重、失意
	bk（黑）	高貴、神秘、穩重、莊嚴、大方、高雅、成熟、深沉、黑暗、恐懼、悲傷、沉悶、壓迫感

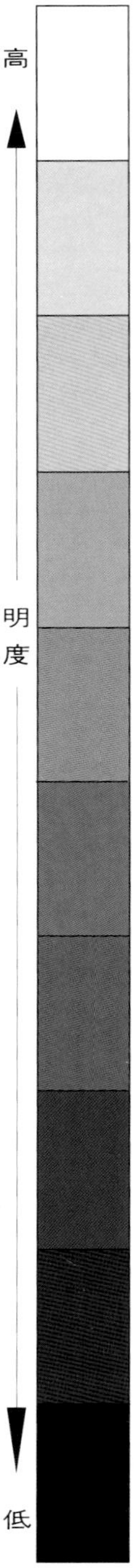

very pale（極粉）
清涼、清爽、輕快、舒暢、飄逸、純潔、純眞、恬雅、安詳、恬淡。

pale - light grayish（帶灰的粉）
高雅、祥和、憂鬱、夢幻、成熟、樸實、消極、朦朧、柔和、軟弱、忠實、柔弱中的穩重、害羞、猶豫、中庸、平實、有雅量、女性、中老年人、溫和紳士、鄉村

grayish（帶灰的）
老年、中老年人、男性、失意、生病、傢俱、乞丐裝、毅力、堅強、憂鬱不安、穩重、樸實、消沈、沈悶、成熟、老成、沉重、無朝氣、暗淡、笨重

blackish（帶黑的）
封閉、沈悶、灰心、失意、迷惘、陰鬱、晦暗

very light（極淺）
溫柔、羅曼蒂克、清純、高雅、純眞、輕愁、氣質、文靜、夢幻、嬰兒用品、洋娃娃、春天、香水、清爽、幸福、純眞的少女、可愛的嬰兒、文靜的女孩

light（淺）
女性化、溫柔、輕鬆、活潑、明朗、快樂、舒適、青少年、甜蜜淡雅、幸福、清新無邪、少女、做夢年齡的女孩、兒童、春天、夢、巴黎、童話

moderate（濁）
穩重、成熟、男性化、樸實、高尙、沈靜、中庸、暗淡、男士、中年人、秋天、民俗風味的、傢俱

dark（暗）
穩重、深沈、成熟、消極、黑暗、沒有生氣、樸素、嚴肅、暗淡、壓力、冷、堅硬、固執、冷酷、高貴、中老年人、男士、有地位的人、死亡、恐怖、樹林、沒有希望

brilliant（明）
明朗、活潑、心情開朗、青春、快樂、新鮮、年輕、朝氣、少女、運動、泳裝、康乃馨、朝陽少男、女性的服務、初夏、小學生

vivid（鮮）
活潑、熱情、鮮艷、快樂、明朗、年輕、刺眼、積極、健康、朝氣、新潮、衝動、挑戰性、豪華、俗氣、充滿活力的年輕人（男女）、兒童影星、舞會、夏日、太陽、野性

deep（深）
穩重、成熟、深沉、高雅、踏實、情緒不好、沈著有個性、澀、厚重、愁、倔強、理智、秋天、男性、中老年人、成年人的穿著、淑女、鄉土、民俗風味、傢俱、森林、有思想有見解的人、科技、有內涵

配色基本原理

所謂配色，係指兩種以上的色彩組合在一起所形成之不同的效果。

任何時候我們看色彩，很少只看到一個顏色，而是和周圍的色彩同時看見。此時便會發生——某色彩單獨存在時看來很美麗，但和其它色彩搭配，效果卻很差，完全喪失優點及美感。這便是配色不當的結果。

色彩的組合方式有許多種，但最重要的原則是——色彩的調和，所謂「色彩的調和」是指在統一中有變化，而統一與變化又能適當的維持均衡，便表示這色彩很調和。雖然實際上有許多種的配色方式，但歸納而言，不離以下幾項配色原則：

主色（Dominant）

指具有支配性的色彩，以共同的要素產生統一感及調和感。以色相而言是主色，以色調而言是主調。

●配色時，色彩若過於複雜（如上圖），會有不成熟、不穩定的感覺。

●不妨先決定主色，再取次要的中間色彩使用，整體才會形成統一感。

以綠色爲中心再使用綠色系的類似色相所作的支配性的配色：

◆時髦妝扮時

●色彩反覆使用，可以決定大又多的中心顏色，小頭巾採用不同顏色，仍然不會影響及擾亂基本主色，使主色仍具支配性。

重點（Accent）

「重點」的配色法，係將全部色彩集中於某種效果上，以便在整體上是平淡、單調的配色中產生變化，強調出其中的某些部分，以產生醒目的效果，使人忍不住將視線集中於該部位。例如，提高重點色的彩度，以及將其面積加大等都是其採行的方法。

此種配色法，也就是色彩知覺中色彩的吸引值（Attention Value）。在許多色彩中，鮮明的要素是與周圍的色彩作比較時，必須要有的特殊性，用以引起觀者注意：

●上衣、帽子、手提箱、鞋子均以同色系搭配，皮帶及領巾則成爲重點所在。

平衡（Balance）

由色相環上取呈 120 度正三角形的三頂點色，以及呈銳角的三頂點色做為配色，通常可以獲得均衡的感覺。

正三角由於三色等距，因此彼此色味明顯各自獨立，然而也容易因缺乏主題而顯零亂。

銳角則因其中二色為類似色，另一色為對比色，而可在平衡中創造華麗的氣氛：

呈１２０度正三角形的配色

●三色等距離的配色組合法

銳角的三頂點色配色

●兩色為類似色，另一色為對比色的配色法。

漸層（Gradation）

所謂「漸層」是在色相、明度、彩度上，作同規則性依序並列的連續變化，能使配色產生良好的統一性。使用漸層配色時，不但色彩形狀（面積）須按照一定的秩序，並且須不斷向某一方向變化。

同一色相的配色，能產生很調和的感覺。若在明度及彩度上加以輕微變化，也能得到好的配色效果：

同色相之漸層配色

●冷色系的色相所作的漸層配色，明度不斷向較明的方向發生變化，面積也會產生變化。
●彩妝採以紅紫色系搭配，產生整體的協調感。

對比（Contrast）

對比的配色法，表示將互相對立的相反色彩及形狀加以組合，以呈現出某種效果的作法。通常此配色效果非常醒目、搶眼，引人注意。

對比色相是補色、接近對比的色彩組合的配色：

對比色相的配色組合

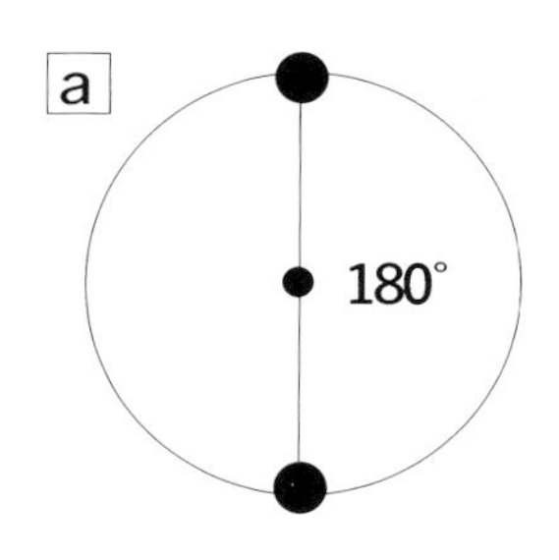

◆補色（色相成 180° 對比關係）

如紅色和藍綠色彼此為中明度，沒有 明度差，但色相感覺太過強烈，有尖銳的感覺。

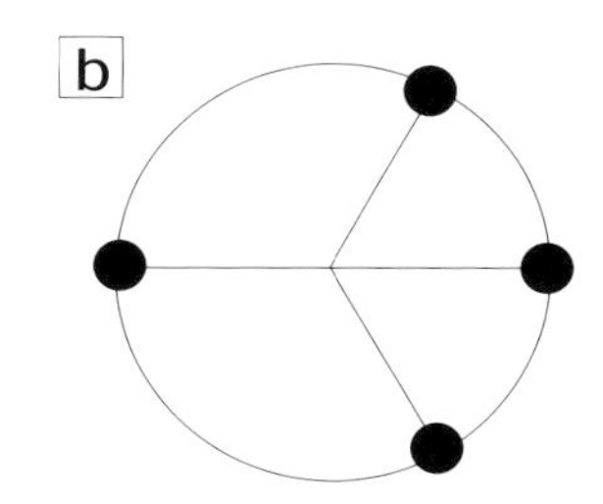

◆接近對比

接近對比色相的配合，若在兩色相的明度與彩度上求變化，或調整面積比例即能得到調和感。

以上這幾項是配色的基本原則，只要充分理解、靈活運用，便能在繁複的配色理論中掌握明確的方向。

重點摘要

對於色彩的學習和認識，我們之中絕大多數的人，仍然是由教科書籍中起步。

事實上，觀看我們生活環境的四周，由藍天白雲、綠樹繁花、動物百態到大地土石的顏色，都是充滿著豐富的色彩，因此自學習色彩、了解色彩到運用色彩，自然界原本便已存在的花色條紋以及配色組合，便是我們最好的宗師。

雖然色彩給人的感覺，會受到許多因素的影響而很難有絕對的答案，但是仍然可以透過具體實物的聯想，延伸出抽象性的聯想。例如，火是紅色的，看到紅色的火焰就會讓人興起刺激、熱情、衝動或是溫暖的感覺。

此外若能夠了解色彩心理的領域，對原本就是在創造錯覺美感的造型工作，將更有助益。由心理層面來看色彩，可以發覺色彩會給人寒冷、輕重、柔硬、興奮、華麗…等等不同的感覺反應，隨著色彩在彩度、明度上的明暗和高低變化，也產生了各種不同的意象。因此如果能夠掌握住這些，那麼在做色彩的搭配運用時，就更能得心應手的依據配色的五大法則——主色、重點、平衡、漸層、對比，悠游自得於設計創作的領域中了。

問題研討

1. 色彩的意象是否絕對？它會受到哪些因素的影響？
2. 請針對紅、黃、灰、綠寫出其具體聯想和抽象聯想。
3. 請依明度的高低變化依序說出不同的表現印象。
4. 請依色調表的色調分類，以文字簡要列出不同色調的意象。
5. 什麼是配色時最重要的原則？
6. 配色時可以運用哪幾種原理進行色彩搭配，請說明其掌握的要點？

化妝造型設計

化妝設計的目的

●考慮五官輪廓，突顯優點使缺點不明顯。
●結合美學意識，流行潮流，藉由化妝、服裝、髮型創造整體美感。
●了解模特兒的興趣、嗜好、職業、表現特質及個性。

基本上，意即根據不同的攝影主題，去創造具有特色以及最佳效果的畫面。

如何才能完成理想的攝影化妝？

除了以上三點之外，同樣必須注意下列要素，以培養審美觀及能力，因此不妨掌握兩大要素，藉由平日的自我訓練來達到此一目標：

⑴多觀察、多體驗，存在於宇宙自然界的形與色，都是很好的創作來源，從事化妝造型設計，應讓自己的想像空間無限寬廣。

⑵要能抓住線條、空間的比例，但千萬不要拘泥在所謂的「黃金分割率」中。因爲在進行設計時有時可以採用協調法；有時可採對比法 ，最重要的就是在表現整體的美感。

了解以上的目的與要素，在化妝設計時即能擁有完整的概念，這是踏出化妝設計的第一步。接下來在實際進入作業過程時，還要熟知哪些是影響化妝設計的重要因素。

影響造型設計的重要因素

粉底

首先是粉底的表現，必須透明而有滋潤感。既不宜厚而乾澀，也不宜油膩而斑駁不均。欲使臉部顯得豐滿膨脹，可用淺色調粉底與採正面光源；若欲顯得瘦削而有收縮感，則使用暗色調粉底與採側面光或臉部微側取鏡的方式。

臉頰部位刷出柔美的色調，不要有形狀分明、色調明顯的感覺，整體色彩應該自然的與肌膚融合在一起。

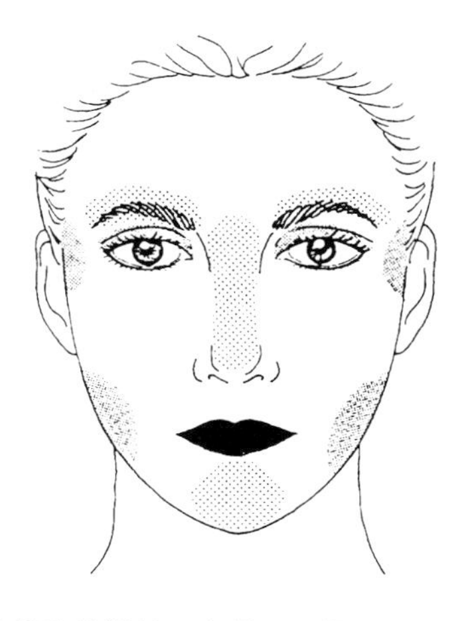

●凸起的部分是頰骨、鼻骨、眉骨、顎骨等部分。
●凹陷部分是太陽穴、眼窩、頰部等部分。
●由於拍照時，光源會受骨骼的影響產生陰暗情況，所以化妝時須特別留意明、暗的運用。

眼部

眼睛可說是臉部最重要的部位，當人與人交談時，集中的焦點就是對方的眼睛。透過眼神可以傳遞出一個人的思想、情緒和個性特質，無怪乎眼睛被喩爲「靈魂之窗」，而在化妝上，眼部可以說是最爲細緻的部分，除了眼影的表現，還有眼線、睫毛、眉型，它們共同扮演了互爲賓主的關係。

此外，在選擇色彩時，除了要掌握前述的配色原則，不妨再加入明度和彩度的色調觀念。因爲眼睛部位同樣可以運用較明亮或較暗的眼影色彩做造型。同樣必須依其眼型選擇高、中、低明度或彩度的眼影交錯使用，可以賦予眼睛深邃且閃閃發光的眼神。

攝影／蘇金來

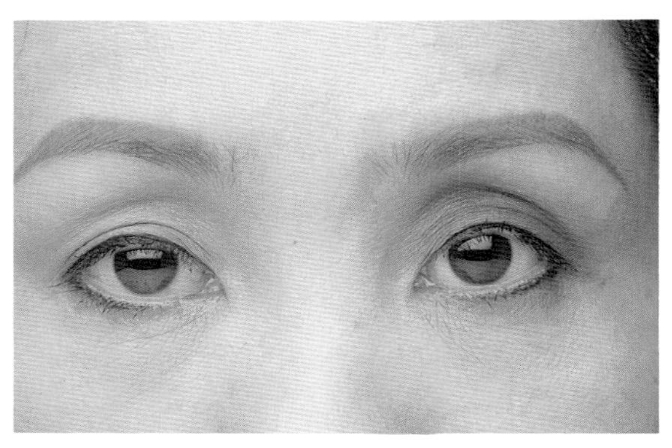

●若想使眼部凹陷，可使用低彩度和中彩度的暗色調眼影，使眼部產生深邃感。

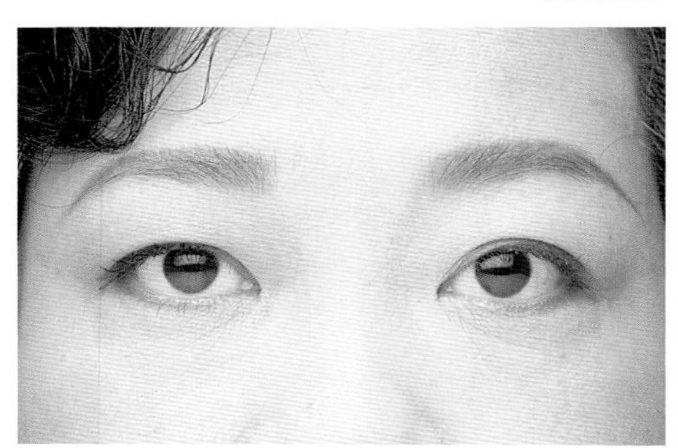

●想顯得有膨脹感，則可使用高明度、中彩度的淺色調眼影。

唇部

唇部不論是在休息或牽動狀態，都必須是輪廓清楚、富有青春感、柔軟而表情力豐富。唇膏在整個臉部化妝中具有畫龍點睛的功效，考慮唇色、唇型，選擇適合的色彩，將能夠成功的襯出整體的美感。

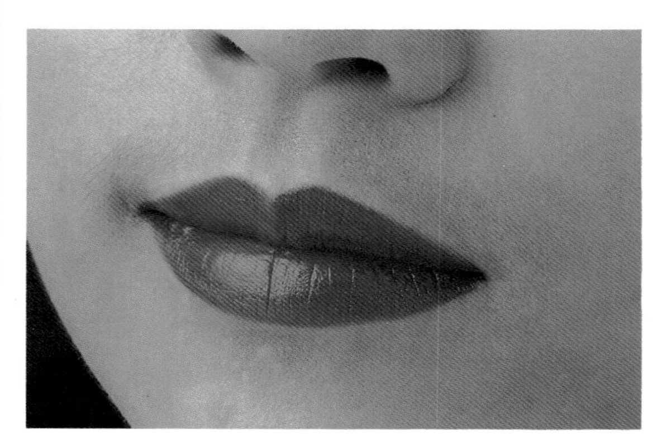

●使用暗而濃的顏色，產生收縮的印象。適合豐滿唇型者，不適合薄唇者使用。

●使用明亮而淺的顏色，使唇顯得豐滿。適合薄唇、嬌小的唇型，不適合豐滿唇型者使用。

服飾

服飾的色調和樣式，也是影響整個化妝設計的重要因素，我們可以由膚色以及臉型來看如何與服飾做搭配。

膚色與服飾

東方人的膚色大致介於粉紅色系（偏紅的皮膚）到赭色系（偏黃的皮膚）之間，如穿上綠色或芥茉色的服裝時，會使膚色顯得更黃更青，因此化妝時要配合淡雅一些（淡色調）的化妝色彩。而穿著棕色、深藍、棕灰色等服裝時，則採用鮮艷的化妝色彩。所以說，黃皮膚的人，在服裝的顏色上，最好選擇白色、灰色、酒紅色、黑色、藍色、咖啡色等比較優雅、古典的色彩，與東方人的膚色較能夠配合。

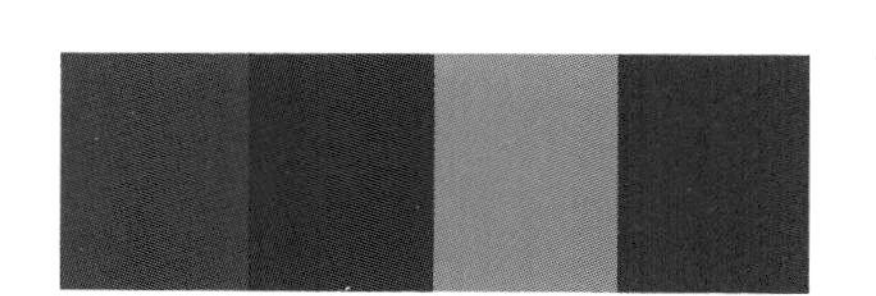

攝影／蘇金來

臉型與服飾

●蛋型臉是最理想的臉型，因此穿著何種衣服都能搭配，唯應注意到整體的均衡組合。

攝影／蘇金來

方型臉、三角型臉適合U字領、V字領，可緩和豐滿的下顎線。

●方型臉耳環選擇圓形、橢圓形等較大的懸下型耳飾；項鍊要選擇V線或是較長的。

●三角型臉耳環選擇強調長度的倒三角形、心形爲宜；項鍊也選擇某種長度的最爲理想。

攝影／蘇金來

長型臉、逆三角型臉、菱型臉以船底領、方型領與水平領的衣領爲宜。

●長型臉耳環要選擇具有圓渾感和柔美的彎曲線條，且較寬的耳飾；項鍊以緊貼頸部類型者爲宜。

●逆三角臉耳環選擇耳墜較大，或是有圓渾感的耳墜；項鍊則要選擇比較短。

攝影／蘇金來

●圓型臉頸部衣襟可開大些。飾品的選擇以縱長較短的耳環；項鍊以V型突顯臉部長度。

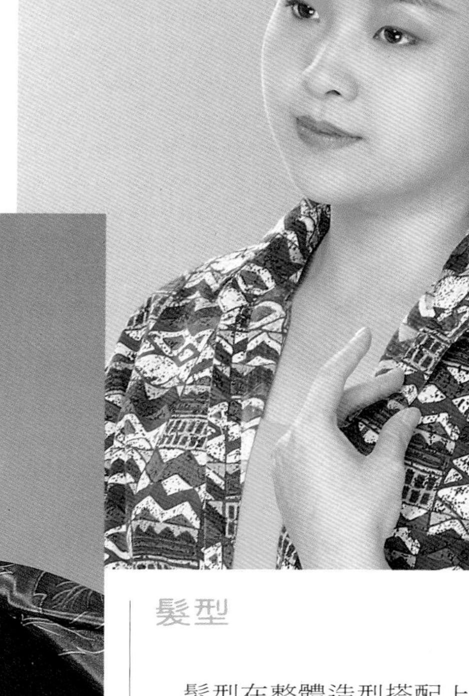

攝影／蘇金來

●菱型臉避免有墜子的項鍊。

髮型

髮型在整體造型搭配上具有舉足輕重的地位，它的變化能帶給人們截然不同的感受，影響一個人的外觀甚鉅。

一般來說，造型簡單俐落的齊髮，最能表現髮質的輕柔飄逸。但是造型中，髮型唯一必須遵守的原則，就是髮型要適合主題和模特兒個人的臉型，好讓髮型襯托出整體造型的特質。

整體而言，化妝設計是一項綜合許多要素才能完成的工作，設計者除了要靈活運用本身的專業技術，平日更應多利用機會自我訓練，透過色彩與型的搭配培養自己的審美觀，使透過鏡頭呈現的作品能具有整體的美感。

重點摘要

化妝造型設計正如前述所言，它是一門綜合多面知識技術的專業工作，固然爲了使這項工作更具專業性，這些都是必備的基本條件，然而一旦實際進入工作中，還必須藉由不斷的自我訓練，一方面提昇審美能力，一方面透過主題的掌握，成功的達成設計的目的。因此一位敬業的造型設計師，就應抓住設計目的，以及明白如何運用方法來自我訓練。

今天，當我們在談論造型設計時，應由整體的觀點去評判，換句話說由化妝、髮型到服飾，在造型作業時都應該掌握可能影響的重要因素，使作品呈現整體的美感。

就化妝而言，粉底是打底的基礎步驟，會影響化妝的質感與修飾輪廓的效果；其他如眼部、唇部的重點表現，前者能襯托出神采，後者有如畫龍點睛不可忽視。而服飾則應考慮膚色、臉型與其的協調性。至於髮型，對於被攝者的造型變化，佔有極重要的地位，往往也是最能帶給人截然不同感覺的關鍵點。

雖然這些要素各自扮演著不同的角色，但是彼此之間其實具有著互動的關係，所謂牽一髮而動全局，應是一位造型設計師在讓作品透過攝影鏡頭呈現出來前，必須擁有的整體觀。

問題研討

1. 爲什麼需要化妝造型設計？
2. 如何藉由平日的自我訓練提昇造型能力？
3. 在進行造型設計時,有哪些重要的影響要素？
4. 如何掌握粉底、眼部、唇部的設計要素？
5. 在考慮服飾的設計要素時，可以由那些方面來進行設計搭配？
6. 如何才能使鏡頭下的造型具有整體美感？

第4章
光源・背景與化妝之關係

光線及背景的色調不論是暖是涼、是明是暗、灰黑或陰沈，總會帶給畫面一些氣氛。

我們對紅色、橘色的光線，感到興奮；但對藍色的暗影，卻感到舒暢。

我們通常認爲色彩是自然賦與而無法控制的，實際上卻不然。就像其他因素一般，透過審愼的取材、視角的選擇，尤其重要的是光源與背景的選擇，色彩還是可以控制、甚至衍生出奇妙多變的面貌。

如何掌握臉部光影

除了攝影師要知道光線的特性外，專業的造型工作者同樣必須了解光線的特性，才能化出理想的妝。在彩色相片上，我們看見的是色彩；而在黑白相片上，我們看到的只是明度而已。即使是最細微的光線變化，例如，光線的質、量、光源和方向，都足以影響到一張照片的主題和氣氛。

尤其是人物攝影時，五官及臉部所有其他部位所形成的輪廓，可以運用精湛的化妝技巧，強調出原本較突出的部位，同時掩飾有瑕疵的地方，此外，光源對臉型輪廓的影響也不可忽略。利用燈光的控制，使得化妝達到一個更完美的效果；同樣一個很好的化妝，也能被破壞掉，這就是不理想的燈光效果所造成的。

所以人像攝影的第一要素就是照明。依照光線來源，可用不同的角度、密度強調出某些特徵，並使其他部分變得柔和，甚至模糊不清。我們可以由下列圖片中瞭解：

●側面光

側面光

側面光是爲了某種效果而採用，此種採光方式極富立體的效果。

當燈光由側面照射時，受到前額骨、鼻骨、上下顎骨的阻礙，形成強烈的明暗對差性。

如果光源在相機的側上方，可以強調皮膚、頭髮及衣服的紋理，也可以反映個人的特色；最重要的是，此側光所產生的陰影，使臉部具立體感。

●底光

底光

燈光由下往上打的採光法很少使用，除非是爲了取得面貌怪異可怕的效果。如果爲了營造怪異的氣氛可與特殊化妝相互搭配，其效果更爲顯著。

●頂光

頂光

燈光的光源來自頭頂上，此種採光使得眼睛陷入眼窩內，同時在鼻翼、唇部四周造成陰影，額頭及鼻樑偏亮，使五官容貌平坦，但是小皺紋不明顯。這種情況下，畫面幾乎都不美，唯有髮型的髮流、質感、形狀相當明顯。

●正面光

正面光

直射的光線會使人物臉部的輪廓變得平板，且會使其他細節消失。但如果以一支主光由左上方打在臉頰上，另一支附光源由另一方打來，使臉部受光調和，另外的燈光在背景作鮮明的反射，整體便產生更為均衡的效果。

所以拍人物照片時，攝影師大多會採此種打光法。這種燈光非常柔和，不會在臉上形成陰影，而且臉部皮膚的色調均勻，顯現完美。

重點摘要

光線的掌握乍見之下彷彿與化妝設計者沒什麼牽連，然而由於色彩在光源的變化下，往往會在色彩濃度、明暗度上產生不同的差異，因此如果不希望精心設計的彩妝因而被破壞，還是應該擁有基本的認識，讓化妝表現能互相配合而更能產生預期效果。

通常攝影棚中不會只打一種光源，除非配合主題需要營造特別的效果，然而站在認知的立場，仍應了解攝影棚中常用的四種光線來源的方式：側面光強調出立體感；底光可產生詭異性效果；頂光可襯出秀髮的髮質美感；正面光加上補光則具有使拍攝畫面柔和的效果。

問題研討

1. 色彩可以藉由光線而產生控制性效果嗎？
2. 試述四種不同光源對化妝產生的影響。

光線對化妝色彩的影響

●什麼樣的光線能使皮膚看起來比原來的更漂亮？
●什麼樣的光線會扭曲了化妝的色彩？
●什麼樣的光線會輔助畫面的氣氛？

想要有效地運用光線，必需先培養對各種場合光線的感覺；因爲同樣的彩妝，在自然光下、辦公室、餐廳、夜景以及攝影工作室中，會出現完全不同的效果。

常逛街的女性，大概都會注意到光線對商品的影響，如，陳列在櫥窗內的服裝顏色，會和在陽光下有很大的差別；爲使水果的色澤有視覺的飽滿、新鮮感，店家會利用紫外線燈照射。陽光在一天之中，從日出到日落不停的變化，同時也隨著季節而變遷。因此在同一景色中，陽光可以改變景象的氣氛和情調。由此可知，光線在色彩運用和色調深淺上具有極大的影響性。

下面，即依據不同的攝影地點，探討光線如何對化妝色彩產生影響：

戶外攝影——自然光

在戶外攝影時，有許多的優點，例如，它的光線絕對比室內明亮，並且可作爲背景的地點也多－－花園、海邊、郊外等各種自然景觀，都是很好的背景。

無論在室內或戶外拍攝人物，均衡的散光都是最佳的照明。在有霧的早晨、多雲的天氣或是不直接接受陽光照射的地點拍照時，陰影的部分都會比較柔和、優美，畫面的效果較令人滿意。模特兒在這種光線下也比在強烈而直接的陽光下感覺舒服。

柔和的光源適合拍攝；明亮而直射的陽光，會使皮膚及化妝上的缺點顯現，所以化妝必須準確及謹慎。戶外攝影時，彩妝採以柔和的顏色，無需過份鮮艷，只要整體的色彩調和，已足以顯現其柔美感。

●在短短的一天中，太陽可以從柔和、迷濛的晨光轉變成午間刺眼的絢爛，再變成玫瑰色般的落日斜暉。晴天的陽光有偏藍光成份，彩妝以淡淡的粉紅色系，給人清新、淡雅感。到傍晚黃昏時，光線漸漸偏暈，所以此時採咖啡色系的化妝最理想。

攝影／蘇金來

室內攝影

室內光除來自窗戶的自然光（模特兒距離窗口遠或近對光線的明暗度也有所影響）外，室內的燈光又分爲日光燈和鎢絲燈兩種，這兩種光源同樣會對化妝造成差異性。

攝影／蘇金來

自然光

室內人像攝影採自然光時，也有其特殊的問題。因爲此種採光的效果，主要視光源角度和大小而定。攝影時，必須先找出反光的窗戶，控制住亮度的反差。早上以西邊窗戶爲宜，下午則以東邊窗戶爲宜，至於北邊窗戶則是整天都可以利用，即使稍微有直射的光線，但也都屬於柔和的光線。

●光線很戲劇性的使模特兒的臉部，柔和沐浴於陽光下，臉上產生由明到暗層次漸近感，整體產生柔和的效果。

日光燈

使用日光燈的場所，大都講求活動性、敏捷性以及冷靜度高的地方，例如，辦公室、學校、會議室、工廠等。日光燈的光線雖然看起來與太陽光線相似，但事實上，它對物體的顯色仍舊無法保持和陽光一樣的色彩，因為日光燈的色光偏向藍綠，當冷色系的物體色被日光燈照到時，彩度會提高；暖色系的物體色則明度和彩度都會降低。

這種具有擴散作用的光線，因同時偏藍、偏綠，如果在此種光線下攝影，由於整個臉部都受光，因此膚質色澤柔和，但是臉色比平常蒼白，產生不健康的感覺。同時陰影減少，使臉部呈現平面的視覺感，肌膚紋理較粗、毛孔大，易暴露化妝上的缺點。

化妝時，最好選擇自然透明偏粉紅色系的粉底，整體彩妝採粉紅色系最理想，因為若採以冷色系的彩妝，彩度會提高，尤應避免採藍色眼影。

另外，黃色、咖啡色眼影則會因明度及彩度的降低而使化妝顯得暗沉不夠明朗，影響給人的印象。

●採金黃色系的化妝，眼部色彩會被日光燈中的藍光吸走，所以化妝的表現感不佳。不妨利用眉、眼線和唇部來突顯化妝。

●粉紅色系的彩妝雖然適合於日光燈下的攝影化妝，但色彩勿過於濃艷，否則容易產生反效果，尤其是職場化妝時，更不宜濃艷。

攝影／蘇金來

普通燈泡

在晚上亦或者是咖啡廳等較具氣氛的場所，燈光大都是屬於電燈泡之類的幽暗的燈光，其光線經由牆壁、天花板或其他間接反射到模特兒的身上，使陰影部分變得柔和，同時產生溫暖的感覺。

燈泡下的光線，所發出的色光讓人覺得暈黃而溫暖，事實上，其投射的是低彩度的橙黃色光，會使肌膚略帶黃紅色澤。因光線柔和，皮膚瑕疵較不明顯，同時陰影也較多，能使臉部呈現立體感，但化妝不明顯。

在此光線下，想表現溫暖、典雅的感覺時，宜強調紅、橙等色。使用明度較高的眼影和修容餅，讓臉龐看起來明朗又具立體感，彩妝以金黃色系為主。

●金黃色系的化妝，使用紅、橙、咖啡色系，倍顯化妝的柔美、典雅感。

●粉紅色系的化妝，在偏黃的燈光下，化妝色彩變濃，給人濃妝華麗感。

攝影／蘇金來

棚內人工採光

棚內人工採光，一般而言，只要二、三盞燈和反射罩一起裝設在架上，便可製造出多種不同的照明效果。例如，以攝影棚燈光，仿造出類似窗光的柔和光線，或是採用有色燈光與在燈源前罩上彩色濾光鏡，這種濾光鏡會吸收光譜的顏色，自然地影響到光線。

例如，近膚色的粉紅幾乎對化妝沒有影響，而且使化妝更美；琥珀色的燈光也能使化妝更漂亮，因爲它會加強粉紅色和皮膚的顏色。反之，暗紅色燈光對彩妝具殺傷力，因爲在這種燈光下，皮膚將完全失去其自然的色調，連腮紅也無法辨識，同時，暗色系的口紅也會褪色成棕色。另外，橙色也會破壞化妝的效果使膚色偏黃，

而且色調漸層感更是讓人覺得不清爽、不乾淨。綠色的燈光會使腮紅及皮膚的顏色傾向灰色。藍色的燈光則讓膚色看起來病懨懨的，同時口紅和腮紅變得暗沈，因此這類的燈光應只用於照射背景。

在化妝色彩中，也有不受燈光影響的顏色，例如，大部分用於眉毛、睫毛及眼部彩妝的中性色系，如，黑色、褐色和灰色，這些顏色除了容易產生漸層之外，幾乎在任何的光線下都不會改變。

一般正常的棚內燈光，照明較集中，模特兒臉上的妝則需要較濃，對比較強烈，因爲在棚內強烈的閃光燈下，膚色需

攝影／蘇金來

較明亮，尤其特寫的鏡頭，模特兒的妝必須相當精緻完美。如，毫無瑕疵、細緻又整齊的雙眉；漸層均勻的眼影；乾淨、俐落且漂亮的唇型；使臉型更立體的腮紅修飾…等，這些經過精心設計的彩妝，有如魔術棒，使鏡頭中的畫面留下令人難以忘懷的印象。

攝影／蘇金來

重點摘要

光線會使物體顯得明亮，然而若是光線運用不當也同樣會使物體失色，其間的差異便在不了解光線會因不同場合的照明設備，致使可獲得的正面效果變成負面印象。

不同地點、場合所使用的光線，固然會使色彩發生變化而出現演色的結果，不過站在化妝設計者的角度來看，如能掌握其中原理，即可避免化妝色彩失眞，或是進一步運用化妝技巧，使得因主題需要而必須採用該色彩時，同樣能產生令人滿意的效果。

通常攝影光線的種類有自然光、室內反射光、日光燈、電燈泡，及攝影棚的各種人工採光，這些不同的照明設備投射出的光線，往往使不同的色系產生不同的變化傾向。

自然直射的太陽光線容易暴露臉上瑕疵，化妝更應謹慎；室內的自然光由於多半來自窗戶的反光，光線自然較柔和能自然襯出色彩明暗的層次感；日光燈則須了解其對冷暖色系的影響效果，避免化妝失敗；燈泡因具暈黃性，因此採金黃色系時會產生柔美、典雅感，可在唇膏上加強紅、橙等色，而粉紅色系則易給人濃艷感。棚內的人工採光，則由於會加上背景色的運用，因此不妨認淸何種顏色的光對化妝有相輔相成的效果，以免主副不分使主題無法呈現。

此外由於攝影棚是化妝設計者最常接觸的工作地點，因此充份掌握光線的運用，使鏡頭中的畫面表達出設計的主題，可說是非常重要的。

問題研討

1. 光線如何對物體色彩產生影響？
2. 光線的種類有哪幾種？試簡述其對化妝色彩的影響。
3. 戶外攝影時，如何配合光線的改變而調整化妝的色彩？
4. 進行室內攝影時，如果面對的光線來自日光燈，化妝色彩應如何掌握？又換成電燈泡時該如何？
5. 在攝影棚進行化妝作業時，哪些色幾乎不會受到光線影響，其有何特色？

背景對攝影化妝的影響

隨著攝影技術和觀念的日新月異，每一幀拍攝出來的作品，其所呈現出的畫面色，往往可以藉由底片種類的選擇、拍攝技巧、甚至於暗房的技術，使畫面色彩產生很大的區別和改變。然而站在化妝設計者的立場，在做主題設計時，除了專業技巧的運用，進一步透過具整體性的色彩搭配，將使主題與背景色之間因色相的同一性和色相的對比性，而產生不同的表現效果。若由色彩的配色來看，同一性也就是指色彩間具有類似性的關係，是一種很容易產生調和效果的配色；而對比關係則是互相強調的一種配色關係。

同一性

也就是說背景與主題的色彩有其共通性，例如，當背景是粉紅色系的背景時，主題的色系若同樣是粉紅色系，那麼在二者之間因爲都具有「粉紅色」這個共通效果，因此主題與背景之間就會產生相融的調和效果：

色彩的同一性

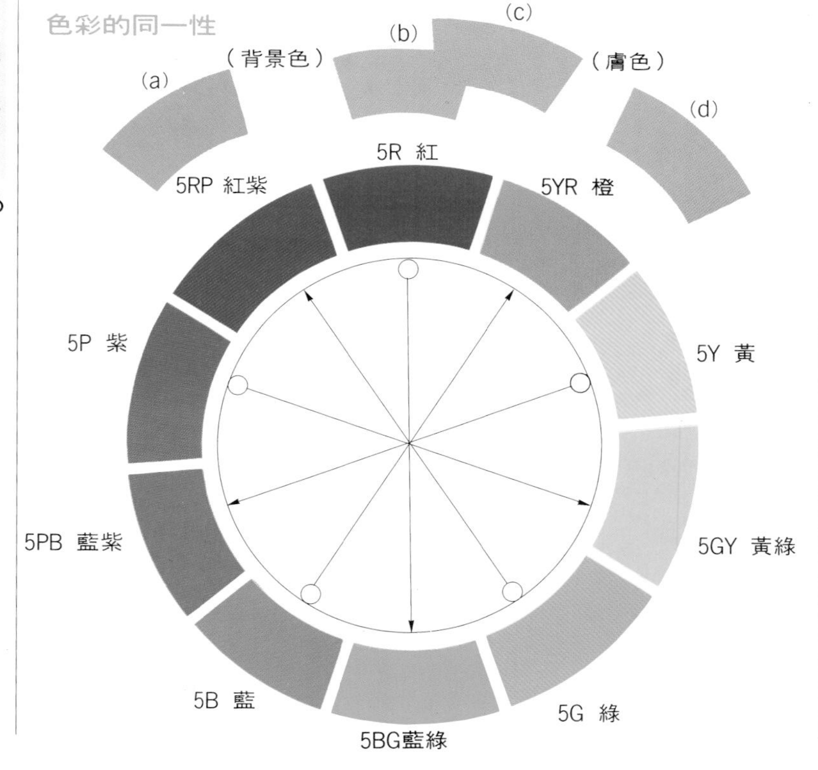

以下特列舉範例及其實例供讀者參考：

範例一

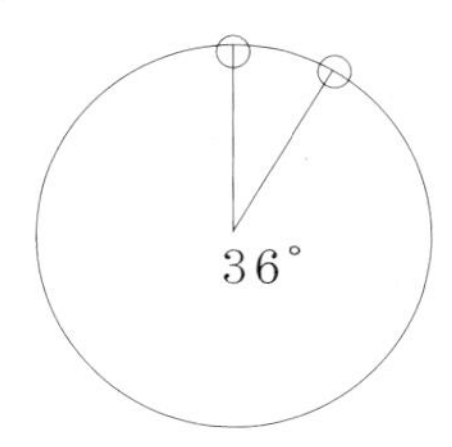

背景是帶粉紅色味的橙色系（b），而主題的膚色是黃褐色系（d）時，便是一種類似色相的配色，是一種容易相融的自然配色。

範例二

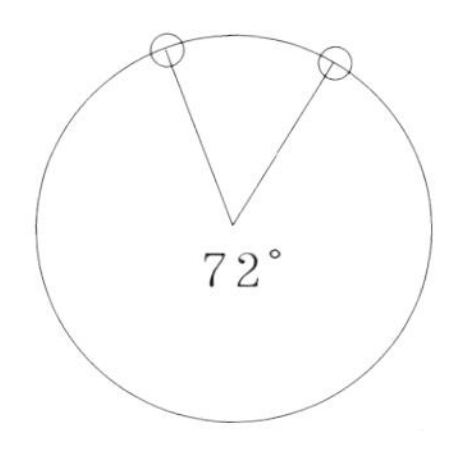

背景是帶紫味的粉紅色系（a），主題膚色是粉紅色系（c）時，由於二者之間都同樣顯示出是偏左的相同色相位置，因此也是容易相融的自然配色。

範例三

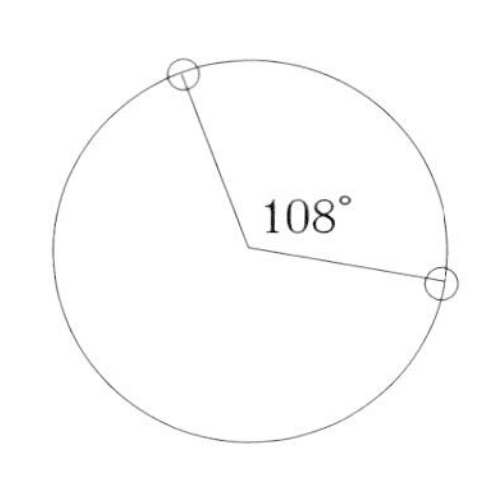

背景是帶紫味的粉紅色系（a）、主題膚色是帶黃的黃褐色系（d）時，由於二者間已經是一種接近對比關係的配色，因此主題的膚色就會被強調出來。由色相環上來看，彼此之間的色相呈相反方向，因此是屬於不容易相融，會各自突顯的不自然配色。

●配色一

●配色二

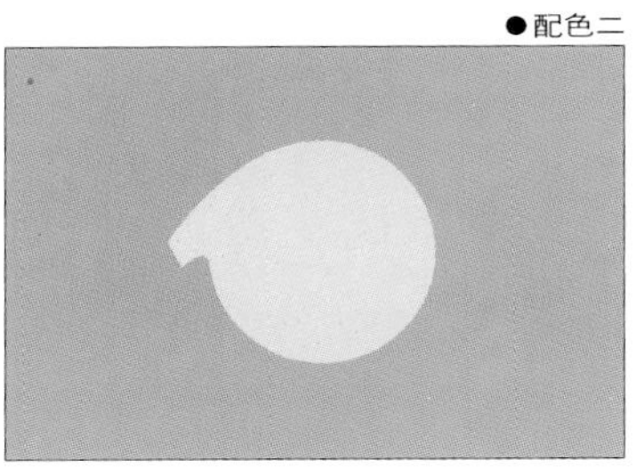

●配色三

實例

攝影時，大面積的背景色彩，會因光線反射所帶來的色味增加，使整個攝影棚充滿了帶色味的光線，使主體改變了原來的色覺。

運用同一性的搭配其差異性縮小，給人調和效果的畫面。譬如：

●帶紫味的粉紅色系背景下，突顯偏黃的主題。

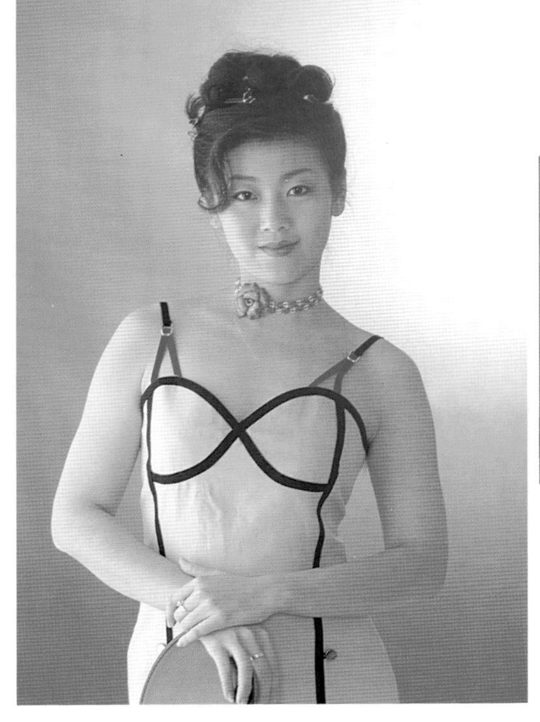

●背景與主題相同調子時，畫面顯得自然、柔和。

對比性

這是指主題與背景之間，藉由色相之間的對比關係，使主題的色彩表現因受背景色的影響而產生變化的配色運用效果。如果能掌握此種因素，那麼在攝影棚中便可以避免因爲背景色的關係，而使主題色彩偏離原本所要表現的效果了。

色彩的配對，事實上是牽一髮而動全身的，不但色相會受到影響，就連明度、彩度也會因爲搭配的關係而產生不同的變化，因此，如果在攝影棚中做色彩運用時，能夠善用色彩的屬性變化在背景與主題色的關係上，那麼相信就更能將主題清晰而明確的呈現來。

以下特列舉出範例及其實例供讀者參考：

範例一

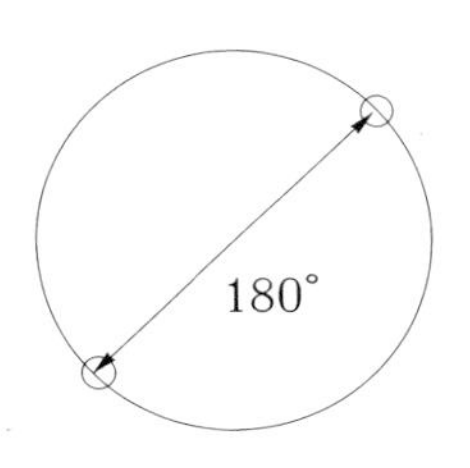

當主題色彩用以帶黃的橙色爲主調時，若要使主題色的主調產生明朗輕快而且充滿活力時，背景色就應該採用色相與其成 180° 對比關係的藍色。因爲這時二者之間無論是色相或彩度都呈現很高的對比性，也因此主題色的主調會被強調出來。換句話說這時的膚色會因與背景色的彩度互相對比，使得彼此鮮明度增加，而看起來更加明亮動人。

實例：

範例二

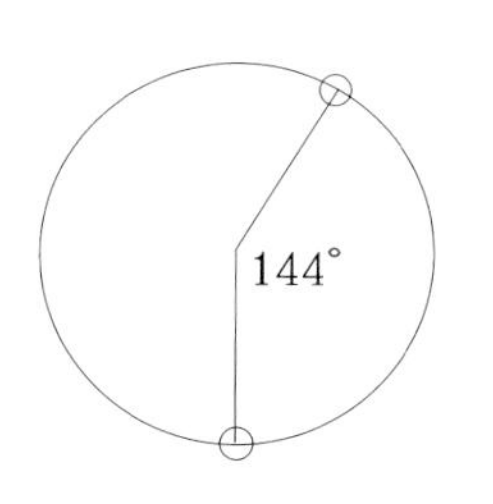

當主題色採用如上一樣帶黃的橙色時，如果背景色採用藍綠色時，又會產生什麼樣的結果呢？由於背景色青綠色的心理補色（色相成 180° 對比時）是紅色，因此將會導致主題色的主調中紅色的色味感增加。

實例：

範例三

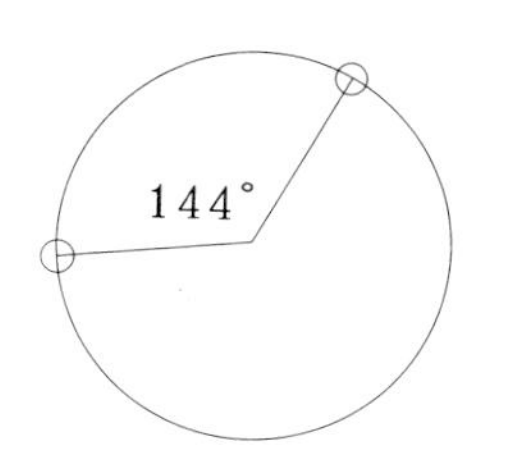

同樣的，當主題色在相同的條件下，而背景色換成青紫色時，結果又是如何呢？這時由於藍紫色的心理補色是黃色，因此很自然的主題色的主調就會增加黃色的色味。

實例：

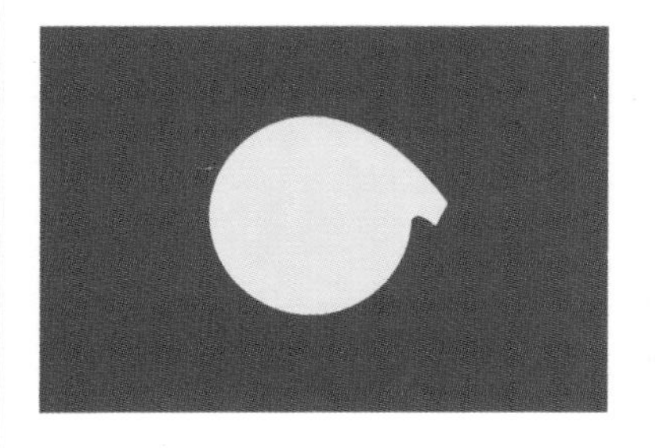

背景對膚色的影響

中灰色

●攝影化妝中最理想的背景色，不會影響整體化妝色彩。

藍色

●使化妝、膚色顯得乾淨明朗。

藍紫色

●光源如果不理想，整體容易偏暗，膚色變暗濁。

紅色

●使膚色有偏紅的現象。

黑色

●容易突顯彩妝的色彩質感。

混濁色彩

●無論何種的背景，因混濁會造成畫面髒的感覺，膚色受影響，而有暗濁感。

背景與造型的互動關係

時髦、耀動的紅色造型，在不同背景色的互動效果：

●淺淡色調的背景，容易突顯造型的輪廓、使化妝服裝的色彩清晰分明。

●同一性的設計，在鮮紅的背景中，加入白色爲強調色，使其不會因面積太大的紅給人刺眼的感覺。但是隱約中白色的畫面與膚色都有偏紅的現象，同時紅的部位更顯明。

●接近對比的配色，因造型色彩的鮮明，與背景形成強的對比性，利用光源淡化造型周邊的色彩來突顯造型。

●黑色背景容易突顯造型的色彩，但會吃掉髮色。

另外，對比性的設計，容易強調出造型設計的主調：

●黃與藍紫的組合，是非常顯明的配色法，給人耀眼、活潑感。

●橙與藍，給人予穩重、安詳的感覺。

重點摘要

正如前面提過的，攝影棚中的作業不可忽視背景與主題表現間的主副關係，而這其中的關鍵便在化妝設計者是否了解色彩間的互動因果關係。因此，主題與背景的相融或不相融的對立，都會影響到主題的呈現效果。

由同一性來看相融關係時，是一種和諧的效果，若由對立來看不相融的關係時，則會獲得彼此互相突顯的效果。

例如，當主題是在表現粉紅色的膚色質感時，若與背景之間能取得共有的「粉紅色」色味，就不致因與背景的不搭配而顯得突兀不美了。

又如當主題是要強調黃色的色彩效果時，如果能配合藍紫色的背景，那麼主題就會鮮明的被顯現出來。

由此不難理解，色彩的搭配運用，對於攝影化妝而言，實是不可知的重要概念。

問題研討

1. 在考慮主題與背景間的關係時，哪兩項色彩搭配的運用原則非常重要？
2. 簡述何謂同一性關係，何謂對比性關係？
3. 試舉例說明同一性的運用。
4. 試舉例說明對比性的運用。

第5章

攝影化妝運用技巧

完美的化妝是配合模特兒本身的條件，運用各種技巧爲其塑造出獨特風格的美，使其更具信心的面對攝影鏡頭，留下永恆的回憶。因此，一位專業傑出的化妝者，除須考慮模特兒的年齡、五官、膚質及色彩等的調和外，也應了解攝影性質是一般性攝影還是專業攝影；軟片是採用黑白還是彩色……如此才能更臻完美。

不同攝影化妝的掌握重點

一般攝影化妝

化妝前與化妝後，往往會因修飾技巧而產生造型上的改變，因此攝影化妝對拍照效果的影響性是不容忽視的。一般的攝影化妝要做那些準備工作？又需要注意什麼呢？無論在任何場合，化妝技巧的基本是相同的，只是在拍照時，如果能夠再配合所希望呈現的效果，加強局部技巧的運用，將可使拍出的照片更具變化的巧思。

化妝重點

粉底面霜
↓
粉底　遮蓋皮膚的缺點，如黑眼圈、皺紋、黑斑、雀斑等，以調整膚色粉底＋基本膚色＋遮瑕製品，視需要搭配使用。
↓
香粉　整臉按壓，特別是 T 字型區容易出油、發亮更要仔細按壓。尤其是眼尾、鼻翼、嘴角四周，更要局部細心按壓，以免因不均勻而破壞畫面美感。
↓
眼影　勿使用含銀粉的眼影，宜配合服裝色彩來選色，並依其眼型適度修飾。
↓
眼線　眼線儘量描細，創造炯炯有神的眼部。
↓
眉、睫毛膏　配合個人臉型的表現印象，運用眉筆、造型眉刷描出理想的眉型，再以睫毛膏加強雙眸迷人的神韻。
↓
修容　利用修容餅來修飾臉型，並創造雙頰的自然紅暈。
↓
唇膏　事先撲上蜜粉在唇上，可使唇膏長時間不易脫妝。先用唇線筆描劃輪廓，再填滿內唇，若想呈現立體感，可在雙唇內側加些亮晶唇膏。

專業攝影化妝

除了一般攝影之生活照和黑白二吋照片之外，配合市場時勢的轉變及美容市場的需求，專業攝影孕育而生。

如何正確掌握專業攝影化妝，針對每個攝影計劃，對模特兒做絕對完美的化妝，最基本的先決條件是表現美麗的肌膚。所以化妝前一定要先將臉部徹底清洗乾淨，做好基礎保養，以保護模特兒的皮膚。

但是，不要塗的太多，以免造成油膩、發光的現象，同時影響上妝的效果。

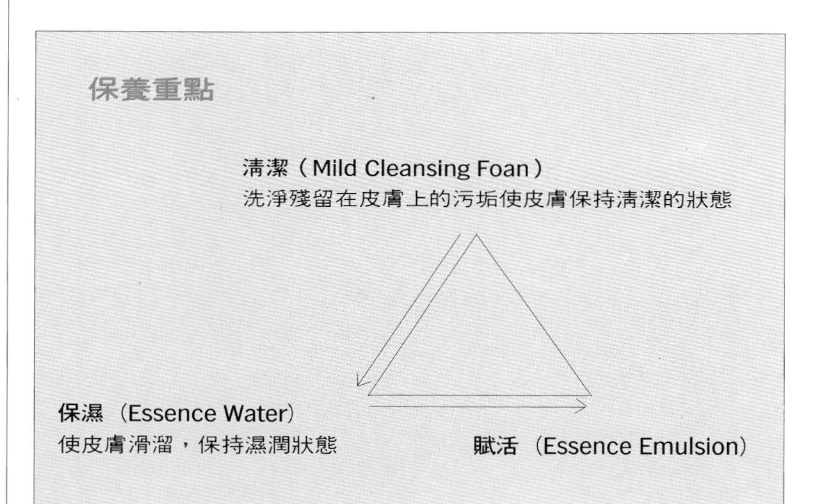

除此之外，依其畫面設計稿的構思，化妝也會因軟片的不同，而產生差異性。攝影化妝依軟片不同，基本上可分爲兩種，即黑白攝影化妝及彩色攝影化妝。二者最大的差別即在後者拍攝出來的照片呈色彩層次的變化效果，因此，如能掌握色彩運用的要訣，將有助於拍攝效果的提昇。

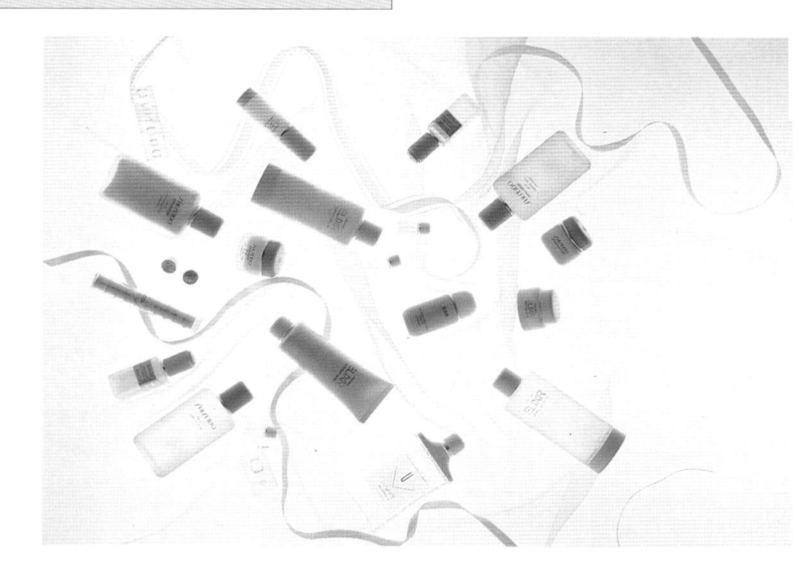

重點摘要

一張出色的照片往往包含了多項因素的成功運作，其中攝影背景、燈光、取鏡、模特兒的肢體語言等固然是基本的影響因素，然而若能再加上適度的化妝修飾，則有如畫龍點眼，將可使拍出的照片更讓人留下深刻的印象。

簡單的一般性攝影，只要事先與攝影師說明目的，並適度的在髮型、化妝上做修飾，影中人便能神采奕奕；各有不同的訴求效果，也正因為此類攝影講求的是效果性，所以不但事前需要擬訂好計劃，更應與相關人員充分溝通，才能使每一環節均能緊密串連，順利的完成作業，而這時負責塑造影中人物造型的專業設計師，更必須注重化妝修飾技巧的運用，使照片更具專業水準。

問題研討

1. 身為化妝設計者如何幫助攝影師拍出的照片更具巧思？
2. 攝影化妝是否因不同類別而有不同的進行要點？
3. 如何掌握攝影化妝的基本技巧？

黑白攝影化妝

黑白攝影化妝是最早的攝影化妝，起源於卓別林時代的無聲電影。

黑白攝影所留下的倩影比較不會因色彩的變化而影響整張相片的表現感，因此當您想拍黑白照片時，就應了解黑白攝影時應注意的事項。

黑白攝影的化妝著重於強調立體感，也就是利用陰影的效果來強調化妝，所以在化妝的技巧上，應採取重點或高對比的化妝。因爲黑白照片呈現的是無色彩，由黑、白、灰的深淺層次逐漸加以推展，淺明的部分就顯得灰白，深暗的部分就顯得黑。假如我們以一張彩色照片去影印，畫面上的色彩都消失了，所表現的只有明暗的效果。因此色彩明暗反差愈大，黑白照片才會顯得立體。

9.5	8.5	7.5	6.5	5.5	4.5	3.5	2.4	1
最高	高（明亮）		稍明亮	中度	稍低	低（暗）		最低

彩色效果

黑白效果

攝影／蘇金來

黑白攝影化妝中，值得注意的是偏紅色系，如橙色、粉紅等會在黑白攝影中呈現凹陷的效果；使用偏中性的色系，如白、黑、灰、咖啡、不帶紅的棕色，較能詮釋出理想的黑白攝影化妝。

一般黑白攝影的掌握重點如下：

設計圖

除了一般性的半身黑白攝影外，任何有企劃的攝影化妝，皆須由繪製的設計稿開始，以便掌握設計方向，並與其他相關人員溝通取得共識。

化妝重點

膚色

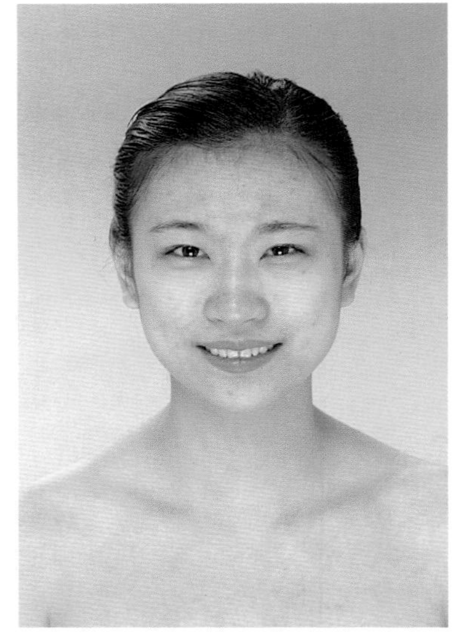

攝影／蘇金來

素肌

●粉底的顏色可選擇比膚色稍白些的色彩，同時運用深、淺兩色的粉底修飾臉部的輪廓，使其產生立體感。

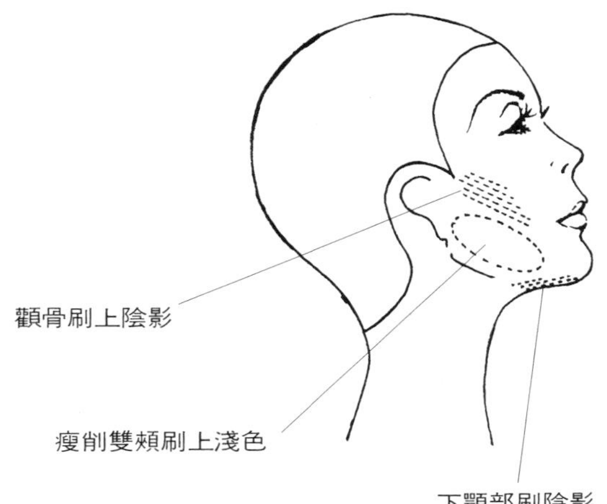

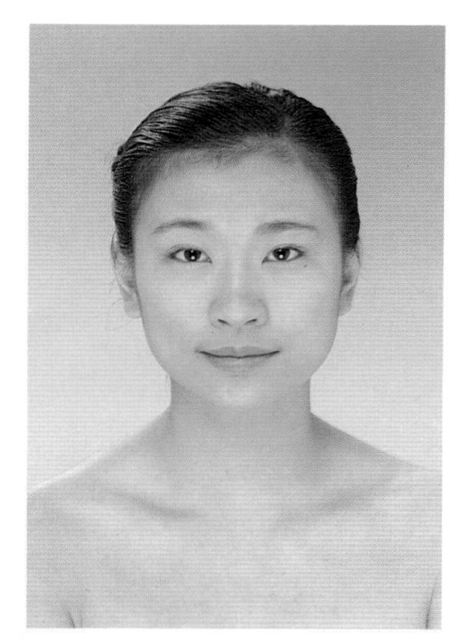

攝影／蘇金來

粉底

●依（模）膚色，調出比膚色稍白些的粉底，沿著肌肉的紋理均勻地塗抹。再利用殘留在海棉上的粉底霜，塗抹在脖子部位。如果（模）膚質欠佳的話，可加重粉底的用量來修飾皮膚質地。

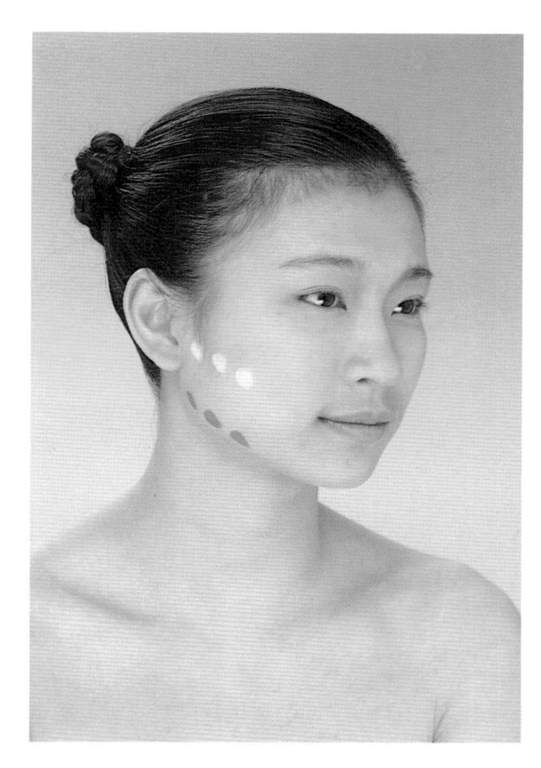

臉型修飾

●黑白攝影化妝中最重要的是臉型輪廓的修飾，因爲黑白照片以立體呈現爲主。依（模）臉型的需要，適當地以深、淺不同的粉底修飾臉型。

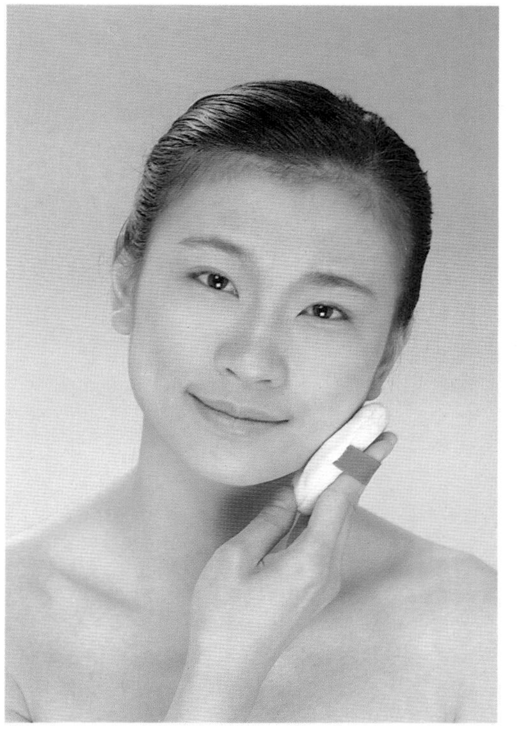

蜜粉

●選擇具有透明感、不含亮粉材質、色彩淡的蜜粉，均勻地按壓在臉部，使其化妝不易剝落，呈現透明感的效果。

攝影／蘇金來

眼部

眼部化妝依設計圖爲依據，眼影採用自然、柔和的色彩；另外應注意眼線的描劃，或是不上眼影，只要在眼尾近睫毛處塗一些黑色眼影，使眼部明亮有神。眼影的色系以黑、白、灰或咖啡色系做出層次立體效果，勿使用色彩感重的眼影；鼻影的線條不宜太生硬，應設法使其暈開。眼部刷上睫毛膏，若再裝上一副生動自然的假睫毛，更可使眼部顯得明亮動人。

眼影

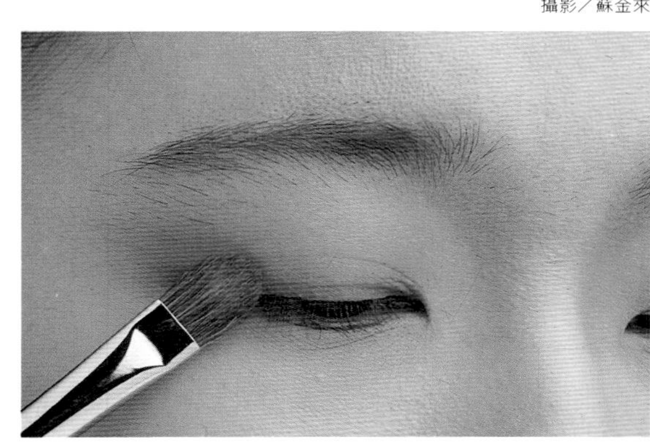

●首先，在眼窩部位均勻地刷上淺咖啡色的眼影。在眼尾雙眼皮內側，塗抹上深色的咖啡色眼影，下睫毛處同樣也須薄薄地塗上一點眼影。

眼線

攝影／蘇金來

●以眼線筆由眼頭順著睫毛際細細的描繪，至眼尾處稍加粗，爲使眼部輪廓明顯，下眼瞼也必須描上一點淡淡的眼線。

睫毛膏

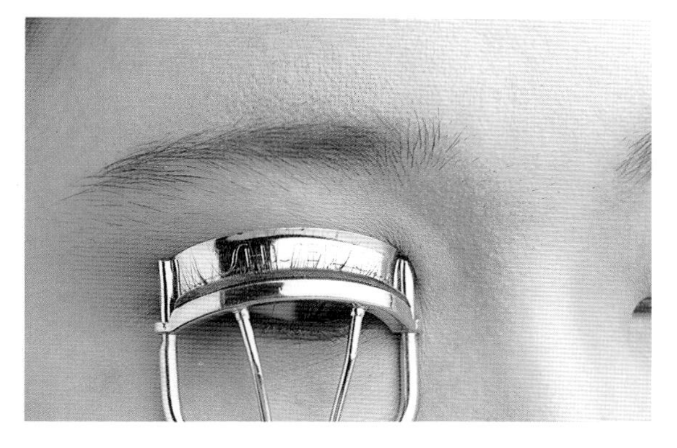

●以睫毛夾先捲睫毛，再利用睫毛膏刷出濃密的睫毛，使眼部更加深邃。

假睫毛

●依（模）眼部的需要，再加裝上一副自然的假睫毛。

攝影／蘇金來

眉毛

以眉筆補描，眉毛不宜畫得太深、太粗，輪廓線也不宜太硬，給人生硬、不自然感。

攝影／蘇金來

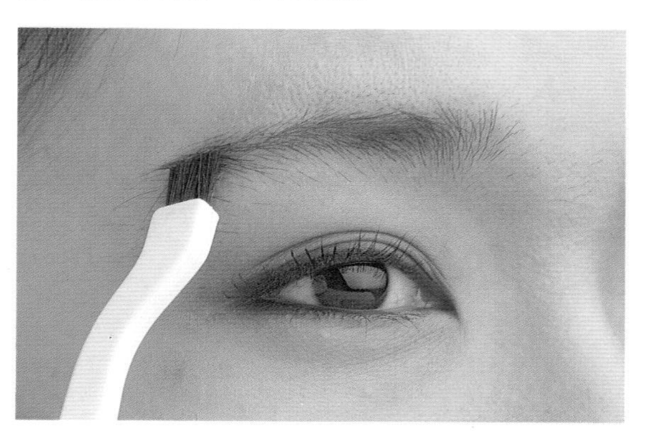

●以乾淨的眉刷，將沾附在眉上的粉末刷掉，並刷順眉流。

●再配合髮色，以灰黑色眉筆順著眉流一筆一筆補描出理想的眉型，最後利用眉刷刷服貼。

唇部

唇部化妝時，除了特殊設計外，正常的情況下可用兩種色彩來表現，一是表現唇型的正紅色，另一是自然滋潤唇部的正橘色(或表現年輕效果用的淺橘色)，利用唇線筆加強唇型立體感，唇型的輪廓要明顯，但是線條感不可太生硬。拍黑白照時應特別注意，避免使用亮光唇膏，因爲唇膏的光澤會使下唇部出現白白的一片反光現象。

攝影／蘇金來

●先以唇線筆描繪輪廓，然後再以唇筆往內側塗擦，使其線條柔和自然。

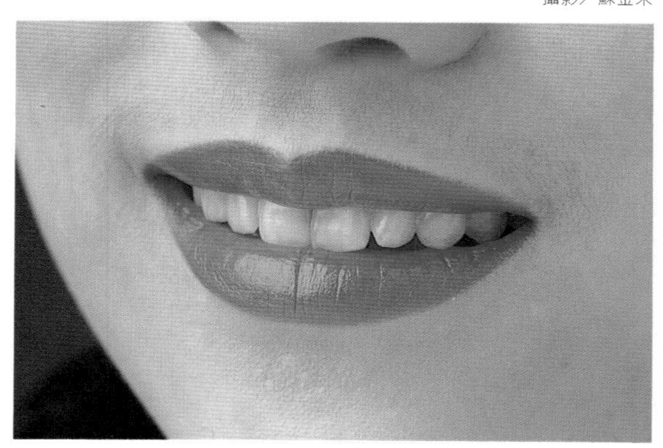

●內唇再以同色調稍淺的唇膏塗滿。

腮紅

拍黑白照片時，色彩較深的腮紅會變成深灰色，不妨採用淺色或中間色彩的腮紅，如，珊瑚色或淡粉紅色，若要使腮紅部分再次加強立體的效果，應以淺咖啡色爲主。但應注意，使用腮紅時不可塗抹過量，否則會使效果大打折扣。

●腮紅由顴骨下方往上刷，以加強臉型的立體感，不可只刷在顴骨上，以免相片出現灰灰的兩塊顴骨。

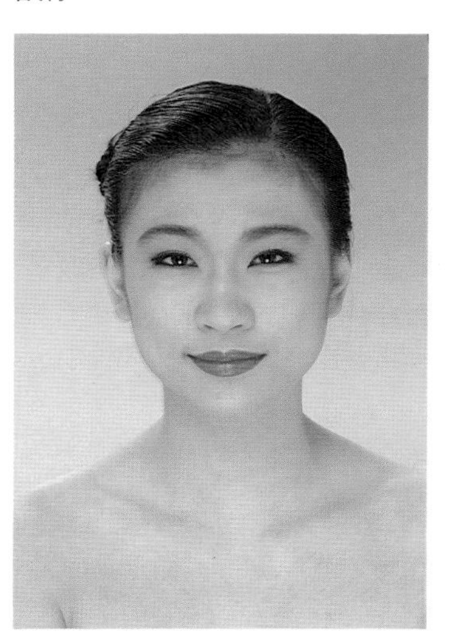

●黑白照片的彩妝，具有眉目清晰與輪廓立體的效果。

攝影／蘇金來

重點摘要

黑白攝影顧名思義就是整張照片除了黑白基調外，不具任何色彩。但是也並非因爲色彩都顯現不出來，就不必去注意色彩的運用。

臉部的化妝，由於黑白畫面會將色彩的明度高低、彩度濃淡反映成明暗的層次表現出來，因此只要明暗度掌握得宜，即可獲得輪廓立體又自然的黑白照片。

在爲影中人進行化妝修飾時，第一步首要注意臉部輪廓的凹凸來做明暗立體修飾；其次在色彩運用方面宜創造眼部的神采，唯應避免大片塗抹色感重的眼影，眼部要給人清晰明亮的感覺，唇部則應避免使用油質高的唇膏以免泛白光；第三是線條要柔和自然。

如能掌握上述三點，影中人便不致於影像生硬又沒讓人留下深刻印象了。

問題研討

1. 黑白攝影化妝爲何需注重明暗度的修飾？
2. 黑白攝影化妝應掌握哪些作業要點？

彩色攝影化妝

攝影由黑白世界進入彩色世界之後，拍照的選擇空間也就越來越多。但是化妝色彩就不應像早期默劇的化妝，那般的強調線條和色彩的對比性，應求整體的柔和均勻。所以彩色攝影化妝，除要運用一些色彩的概念及化妝的修飾技巧之外，在顏色的選擇搭配上，也需要考慮到服裝的色彩，使整體設計的效果呈現出來。

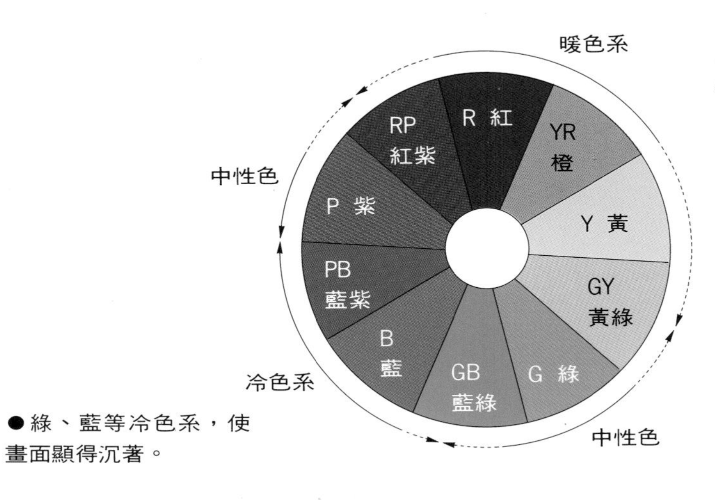

●紅、橙等暖色系，可使畫面顯得有活力。

●綠、藍等冷色系，使畫面顯得沉著。

●曼塞爾標準10色相環。

彩色攝影時，化妝的色系雖不受限制，但是必須搭配服裝、背景的整體性，也就是統一整體色調，選擇可加強主要被攝體的印象之顏色與彩妝相搭配。

彩色攝影的掌握重點如下：

設計圖

彩色攝影化妝更須繪圖設計，並與相關人員溝通，如此才能將醞釀構思的主題，靈活的透過型與色彩，完美的詮釋出來。

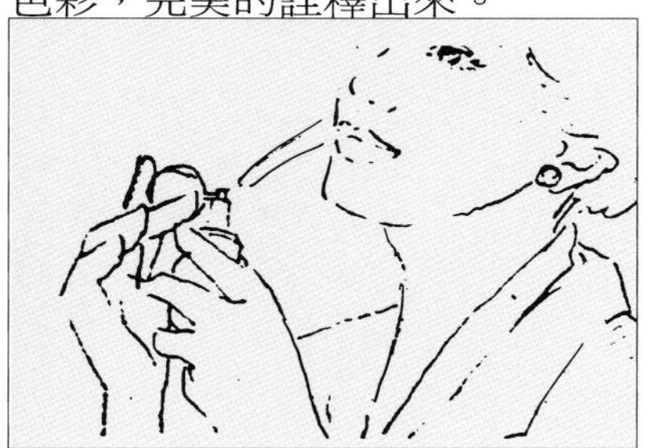

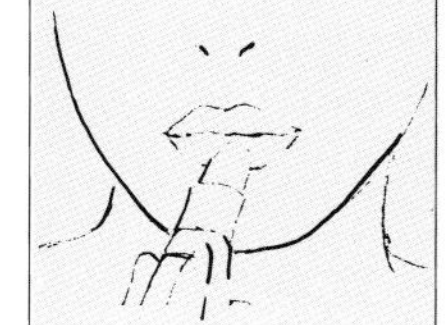

化妝重點

膚色

雖然透過某些柔焦鏡、濾光鏡的運用與適當的照明，攝影師可以使照片中的膚色變得比較柔和，而且可以使皺紋消失。但是以教學示範爲目的的攝影，則必須講求畫面的清晰，使色彩清楚的顯現出來。

但是無論目的如何，粉底同樣必須塗擦的比平常紮實，因爲膚色與燈光有著密切的關係，所以要慎選顏

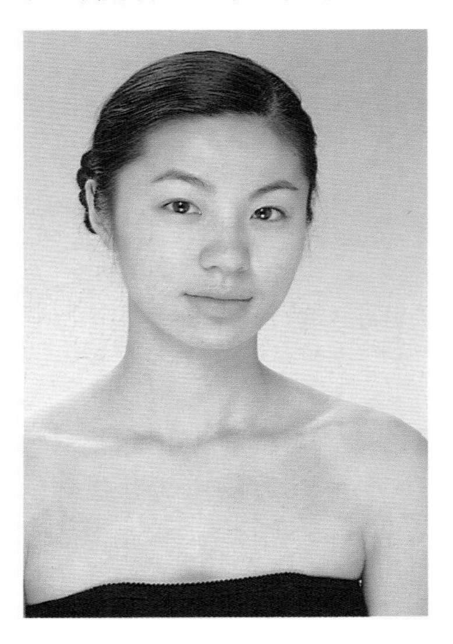

色，配合五官結構的凹凸寬窄，選擇明度、彩度適宜的粉底色系，修飾出立體的輪廓。

膚色調整

皮膚因受到陽光照射易產生膚色不勻稱的情況，在上粉底之前，先以妝前霜來調整肌膚的色澤。因爲妝前霜的功能在補足粉底對某些特殊皮膚色調改善能力的不足。

但是調整肌膚色澤的妝前霜，色彩種類繁多，在選擇時不妨運用色彩學概念中，色料三原色：洋紅、青、黃的混色原理，運用於化妝膚色的修飾技巧上，使膚色變得勻稱，同時可以使粉底塗抹的更平順、更漂亮。

以下舉例說明：

●**乳白色妝前霜**：任何肌膚均可使用，使肌膚具有光澤感。
●**淡紫色、粉紅色妝前霜**：適合偏黃的膚色使用。但是如果偏黃又暗沈者應選用淡紫色，病黃偏青或白皙者，就應以粉紅色妝前霜來修飾。
●**藍色、綠色妝前霜**：可以抵消皮膚中紅色調，適合偏紅、敏感性的肌膚使用。偏黑的膚色，爲使其透明，可以運用綠色妝前霜，如果是膚色帶灰者，利用藍色妝前霜來中和。

攝影／蘇金來

斑點修飾

●臉上若有斑點（黑斑、雀斑）或面皰，先以專門遮蓋斑點的蓋斑膏或遮瑕膏掩飾，才不致於出現在照片上。基本上，針對斑點的修飾，蓋斑膏可使用於粉底之前或之後均可。

之前使用蓋斑膏時，擦粉底不要用力推抹，以按壓方式重複擦上。

之後使用蓋斑膏時，必須等粉底的水份稍乾後，再使用蓋斑膏。

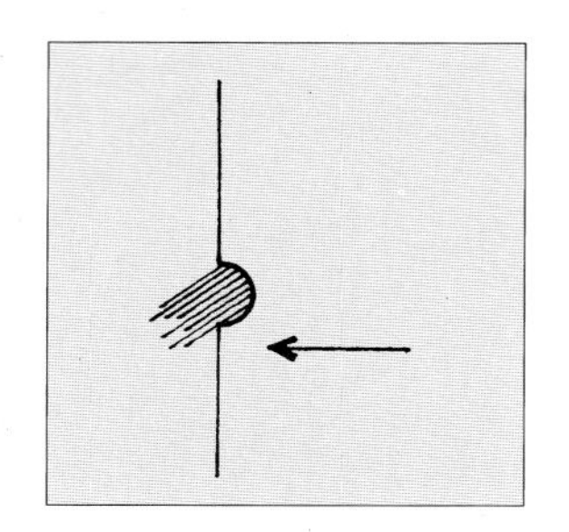

●面皰

至於面皰的修飾要特別留意，因爲面皰如果紅腫凸起，在面皰下方易產生陰影，應以修飾筆或蓋斑膏修飾於面皰下方。

攝影／蘇金來

●粉底

在化妝上粉底經常被認爲是化妝成功與否的重要關鍵，漂亮勻稱又細緻的膚色，不但令人讚嘆，更能夠襯出彩妝的焦點。如果再由它的英文原文Foundation這個字來看，就不難看出它的奧妙了。它代表著基礎、地基的意思，如果沒有掌握粉底這個步驟，那麼化出來的妝也就不會出色了。

尤其以攝影化妝來說，因爲它往往需要經歷較長的時間，再加上環境因素如攝影棚熱的燈光，或戶外陽光等影響，如果粉塗擦得不牢或不夠細緻，就很容易脫妝，不但畫面美感大打折扣，亦須經常注意補妝。

攝影化妝的粉底要上得漂亮、服貼，除了要選對粉底，使用的海棉、粉底色系、技巧運用，也同樣扮演了重要的角色。在種類上，攝影化妝爲力求掩飾效果，多半選擇粉條類粉底，一層一層慢慢加，動作要輕、要細。推抹粉底時，以微濕海棉的海棉擦勻，但爲使粉底厚實且服貼，應選擇密度較密的海棉或是運用手指指腹一點一點拍打上去。順序是由上往下，由裡往外塗擦，最後可以再用雙手手掌像包住臉一樣，輕輕撫按片刻。

至於色系方面，漂亮的粉底除了應與膚色相配外，粉底的調色也是非常重要的。一般市售粉底，大致可分爲粉紅色系（Ｐ）、紅褐色（ＯＣ）、杏仁色（ＡＭ）、象牙白（Ｉ）、灰褐色（Ｂ）等。依其膚色選擇粉底的基本原則如下：

膚色	自然感 （室內、戶外、淡妝）	白皙感 （盛妝晚宴）	備註
白皙皮膚	淺紅褐色、灰褐色	淺粉紅色	
蒼白皮膚	淡杏仁色、象牙色	淺粉紅、中杏仁色	使膚色顯得紅潤
偏黑皮膚	深象牙色	中深灰褐色、象牙色	使膚色顯得明亮
微黃皮膚	淺杏仁色、灰褐色	淺紅褐色	
蒼黃皮膚	淺象牙色、灰褐色	中紅褐色	抵消皮膚的黃綠色澤

●除了以上的重點之外，粉底的塗抹如眼角、鼻樑、鼻側、髮際、唇角、耳朵等整個臉和頸部，必須謹慎仔細的擦勻。如果是著低胸的服裝，應塗擦至服裝領口下方，避免拍照時產生色差。

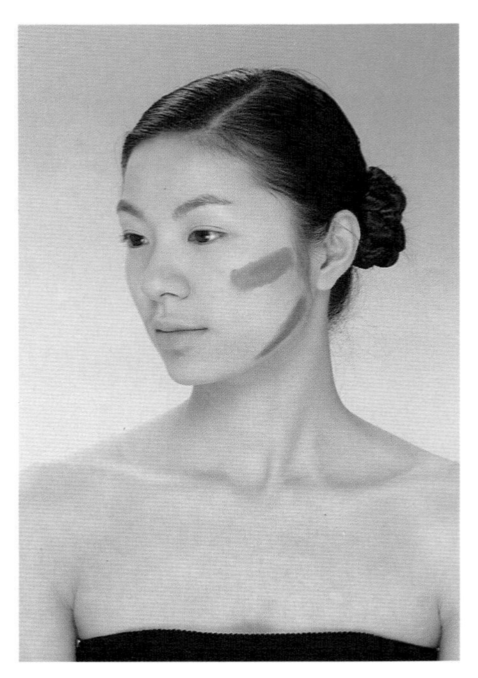

攝影／蘇金來

●陰影

陰影與明度可使臉部增添視覺深度，看起來較具立體感。但必須針對個人臉型所需來修飾。

爲使臉有收縮效果，塗擦深色的粉底於臉型較豐滿的部位，以海棉或手指指腹塗抹均勻，使陰影區域的邊緣部分柔和的與基本粉底自然混合。

例如：顴骨過於突出則以深色粉底抹於該處；高額頭以深色粉底抹向髮際；鼻樑過長，以深色粉底塗於鼻尖等。

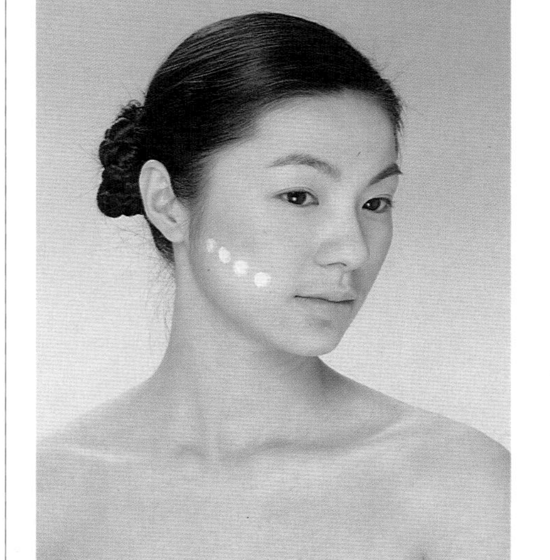

攝影／蘇金來

●明度

化妝時利用淺色粉底的目的，是強調骨骼的結構凸的效果，與陰影的作用正好相反。所以凹陷的雙頰想看起來寬廣或使鼻樑顯得高挺，淺色粉底的運用，其效果最佳。

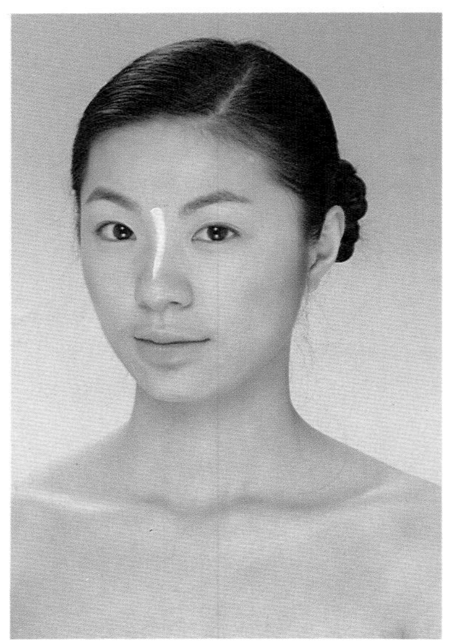

其餘如：低窄額頭則將額頭至髮際上塗抹淺色粉底；鼻樑稍短，以淺色粉底塗於眼窩及鼻樑尖端；鼻樑扁平的話，以淺色粉底塗於鼻尖，深色塗於鼻兩側，再抹均勻。

●黑眼圈、眼袋、小皺紋

修飾黑眼圈、眼袋基本上以古銅色掩飾，小皺紋以象牙白來修飾。如果模特兒同時擁有以上問題時，其掩飾的程序爲：

黑眼圈→小皺紋→粉底→眼袋

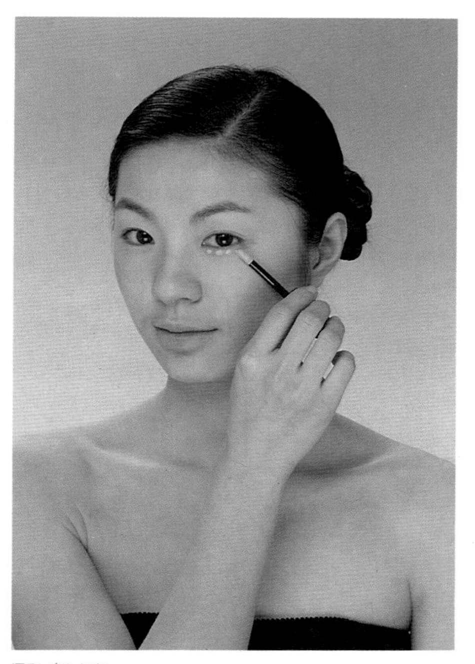

攝影／蘇金來

◆黑眼圈的修飾

黑眼圈大致分爲青色系統的黑眼圈和茶色系統黑眼圈二種。青色系統的黑眼圈出現在膚色白的白種人膚色上，較正常的部分膚色偏黃，明度偏低，掩飾時應選用最具效果的色調是偏紅而明度高的粉紅色系來修飾。

如果是茶色系統的黑眼圈，大部分出現於象牙白與粉紅色的膚色上，比正常的部分膚色偏紅，明度偏低。因此要有效的掩蓋茶色系統黑眼圈，最有效的色調是偏黃色而明度高的象牙色系。

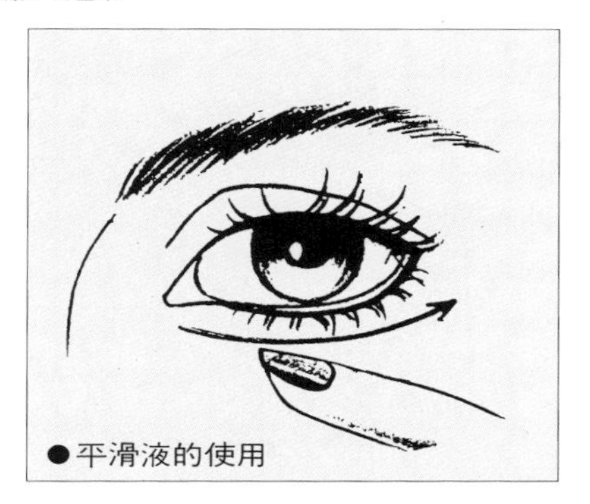

●平滑液的使用

◆小皺紋的掩飾

修飾黑眼圈之後，再以遮瑕筆修飾小皺紋，順著紋理方向，以填補的方式來掩蓋小皺紋。或於妝前霜使用後，以含散光粉末的平滑液，利用手指指腹依小皺紋的流向滑動塗抹，使其均勻的溶入肌膚，可使粉底沾附得薄而均勻。

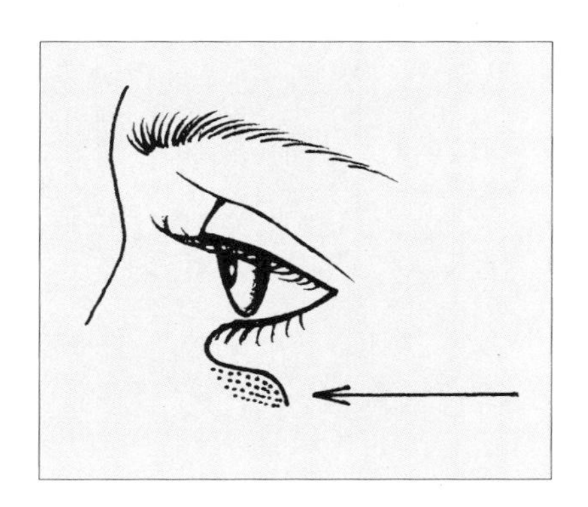

◆眼袋

眼袋鼓起處明亮，眼袋下方會偏暗，也因此使其明顯。所以粉底塗擦完之後，先以稍白的遮瑕膏，利用手指指腹以輕拍的方式，修飾於眼袋下方凹陷處，再利用筆刷輕刷邊緣部位，使其與粉底混合。

攝影／蘇金來

●蜜粉

蜜粉的使用，是臉部粉底化妝的最後一個步驟，主要功用在於增加膚色整體美感，固定皮膚的油質成份，並減少過多的亮度，顯現出色澤均勻的自然膚色。

爲了使攝影時，皮膚的色澤更加亮麗，蜜粉的選擇正如同粉底的重要性一樣。蜜粉的選擇除了依其膚性、膚色的不同選擇適用的香粉外，也要隨著造型設計的需要、粉底色調的不同，選用不同蜜粉色彩來達到化妝所需的效果。

<蜜粉的種類>

◆蜜粉

1. 透明蜜粉表現出粉底色澤的效果及透明感的膚色。
2. 自然色蜜粉，自然而柔和色彩的效果，表現出立體透明感的膚色。
3. 各色彩蜜粉，呈現明亮而柔和的效果與修飾凹凸感的強化作用。

◆粉餅

粉餅具有蜜粉之優點，小巧精緻攜帶方便，外出、外景都適合，隨時都可以補妝。使用時，動作要輕，均勻拍打各部位，才能創造出零缺點的嬌容。

◆圓珠蜜粉

內含五彩繽紛顏色的小圓珠，以小刷子揉合滾混出適當的色彩，烘托出自然、勻稱的膚色。

<蜜粉顏色的選擇與運用>

1. 透明蜜粉：無色彩，適合任何膚色使用，效果自然透明。
2. 粉紅色蜜粉：新娘、訂婚妝局部使用，腮紅、下巴等，或者是蒼白的膚色，希望有紅潤膚色者。
3. 藍色蜜粉：略有淺淺的透明感及病態，可運用於舞台或平面照相需要時，尤其是頹廢的流行造型化妝。同時使橘紅膚色顯得協調。
4. 白色蜜粉：重點式用在眼下處、T字型區域，可以增加修飾效果，使人像攝影化妝的立體度更理想。或使用於舞台特殊化妝用。
5. 綠色蜜粉：可降低膚色中顯著的紅色色調，適合肌膚易發紅者使用。
6. 金黃色或帶珍珠光澤的蜜粉：適合晚宴妝或人工照明的場合，如：舞台妝或夜總會的化妝。
7. 赤褐色蜜粉：適合膚色較暗淡者使用，再加上雙頰塗抹橘色蜜粉，可使膚色健康亮麗，適合男性化妝用，呈現出古銅、健美的色澤。

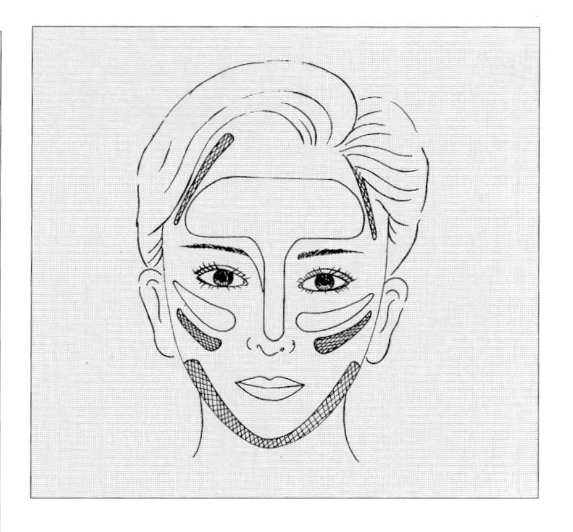

○：使用淡淺色蜜粉，如T字型區域、頰骨上側

●：使用深色蜜粉，如額頭兩側髮際、下巴線和顴骨的部位。

<蜜粉使用方法>

使用蜜粉時，可以使用粉撲或大型的刷子。使用粉樸時，少量多次由下往上、由裡往外逆著汗毛生長方向，以連續按壓的方式將蜜粉充分融入肌膚的粉底中，使妝更具持久性。

如果使用刷子時，易有其特別的效果，但較不具持久性，但可使用於較精細的部位。

在使用粉底後，因臉上的表情動作，多餘的粉末很容易堆積在臉上的皺紋、皺摺中，在使用蜜粉之前，不妨先以手指指腹輕拍臉部，切勿以推擦的方式，來清除臉上堆積的多餘粉底。

清除臉上推積物之後，迅速的按上蜜粉於下眼皮處。接著請模特兒閉上眼睛，再清除上眼皮皺摺中的堆積物，再迅速按上蜜粉。但特別留意眼部四周的蜜粉量不可太多，否則同樣容易聚留在皺紋內，同時鼻翼兩側、嘴角四周要仔細按壓，再運用大毛刷刷掉多餘的粉末，就等於完成了一半的化妝工作。

眼部

眼睛，五官中最能傳達情感的部位。彩色攝影中眼部化妝的濃淡可視造型所需而定，表現清晰、明亮是重點。爲了使雙眸更爲動人，必須沿著睫毛際加深輪廓的顏色，眼影的顏色基本上應與服裝的色彩相互搭配。

通常眼部化妝的顏色多以中性色調的色彩爲主，除非配合流行或主題性的訴求，否則太過強烈而時髦的色彩會使人像照看來突兀而不自然。尤其是帶銀粉、霜白的眼影容易產生反光，出現在相片上的效果會打折扣，應避免使用在攝影化妝上。

攝影／蘇金來

●眼部陰影

以尖頭眼影刷沾取深色眼影或將眼線筆削尖，沿著上眼臉緊靠睫毛根處細細描劃眼線。然後再以乾淨的筆刷將繪好的眼線刷勻。靠近下眼臉睫毛處同樣畫上眼線，再以筆刷刷勻。

攝影／蘇金來

●眼影

配合模特兒的眼型與印象設計，選擇適合的眼影色彩。先將淡色眼影以眼影刷寬廣的刷在眼瞼內側至眼窩處。

靠近睫毛際邊緣和眼尾處以色調較深的眼影刷描上。下眼瞼亦以同樣的色澤眼影刷上。

<眼影的運用技巧>

眼影的塗抹，無論使用何種方式或採用不同色系、同色系、對比色等配色法的表現，都是順著眼部眉骨、眼窩的天生骨骼形狀塗抹。除非爲了造型的上的需要，眼影有時候可以塗抹超過外側眼角，但是以不超過眼睛寬度的四分之一爲原則。

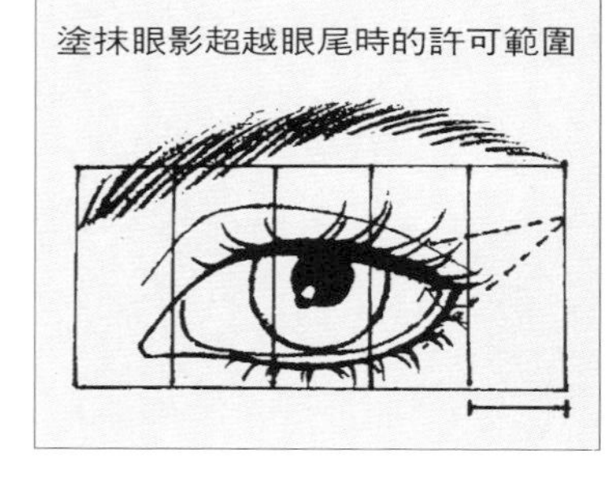

不論何種的眼型或是CF、DM、結婚妝、訂婚妝、攝影化妝等。基本上，眼影的塗擦技巧如下圖示：

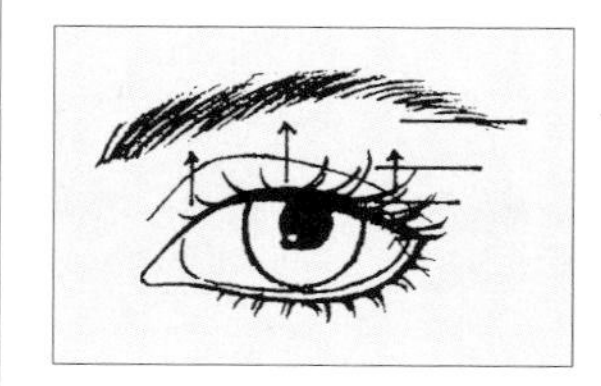

●層次法

由深至淺漸層的刷法。雙眼皮內側刷上深色，眼皮溝至眼窩塗刷中間色，眉骨下方再刷上淺色。

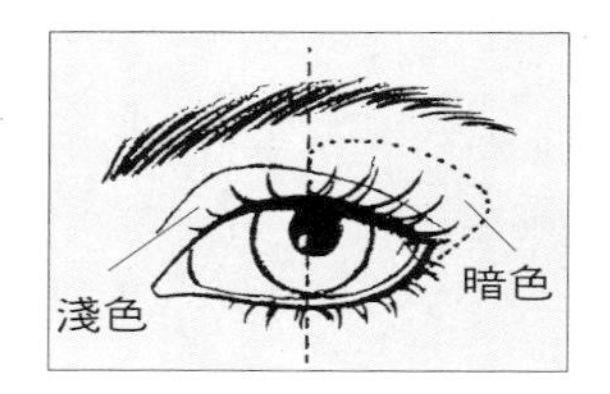

●段式法 1

兩段段式法，淺色由眼頭刷至眼窩，深色由眼中重疊於淺色上塗抹至眼尾處並向外側漸淡。

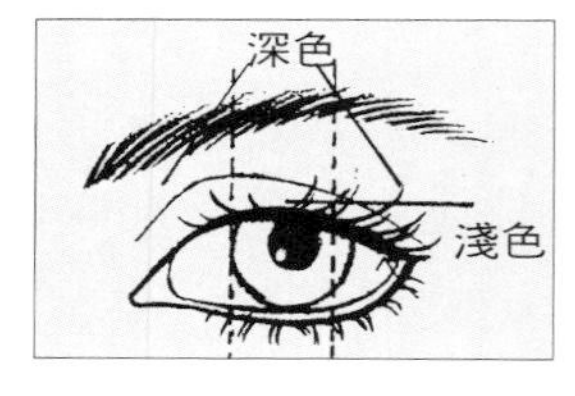

●段式法 2

三段段式法，將眼睛分爲三個垂直部分。眼頭、眼尾處塗抹深色，眼中則塗抹上淺色眼影。

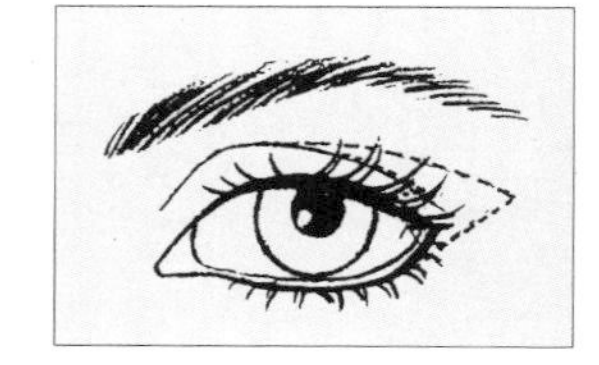

●歐式法

在睫毛際邊緣至眼尾外側與眼皮溝上塗抹深色眼影形成「V」字形輪廓。其他部位，不上色或塗抹淺色的眼影。

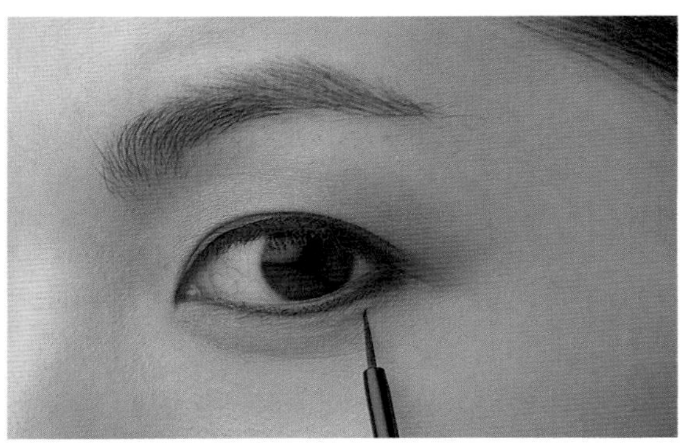

攝影／蘇金來

眼線

運用眼線筆或線液緊靠著上眼瞼睫毛際描繪，眼線宜描細較自然。除非造型的需要眼線再粗或描上揚的感覺。

以同色澤眼線沿著下眼瞼睫毛際描至眼尾，並與上眼線會合連接。

<眼線描劃技巧>

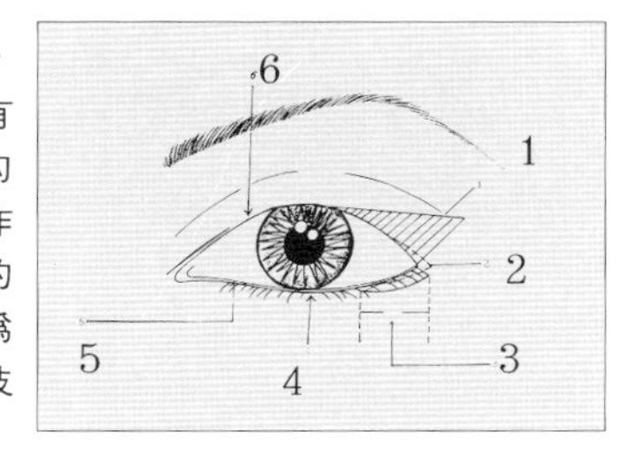

眼線的功能，具有製造睫毛的陰影，勾勒眼部表情精神的作用，同時利用不同的眼線畫法，也可做爲修飾眼形的最佳技巧。

基本上，眼線的畫法分爲兩種：一爲外顯式，另一爲隱藏式。在畫眼線時，要先了解自己所想表達的是什麼印象，再選擇眼線的畫法。例如：

1.眼尾描寬、描上揚的外顯式畫法，改變眼睛表情的神韻。

2.上、下眼線於眼尾處相連結，以似包住眼睛的外顯式畫法，顯得年輕。

3. 下眼線眼尾描劃寬廣，能夠把眼睛的形狀放大。

4.於睫毛與睫毛際間以隱藏式畫法，填補眼線，化妝顯得自然。

5. 爲使眼睛有放大的效果，在下眼瞼內側描上白色眼線。

6. 順著眼型沿著睫毛際描劃眼線，同樣顯得自然感。

<眼部陰影和亮度的運用要訣>

爲創造五官神韻使之更加立體，利用深、淺的色彩修飾於鼻樑與眼窩處；若想使鼻樑顯得高挺，可利用咖啡色或鐵灰色眼影刷在鼻樑兩側，可使鼻樑較挺直。同時爲使其自然時，陰影的效果應從眉毛中刷出最理想。

● 鼻樑修飾

若鼻樑和鼻子周圍較凹陷的話，在該處使用淺色的或明度較高的眼影，使眼部看來凹凸分明而具立體感。

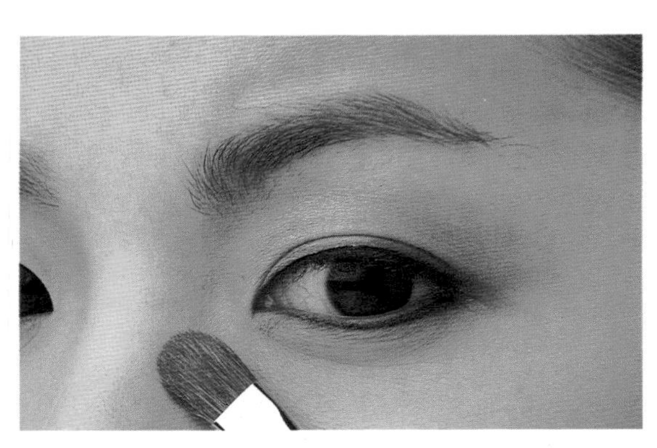

攝影／蘇金來

攝影／蘇金來

●眉骨修飾

為使眼部更具立體感，可於眉骨處刷上淺色、明度較高的眼影或是以留白的方式突顯眉骨。

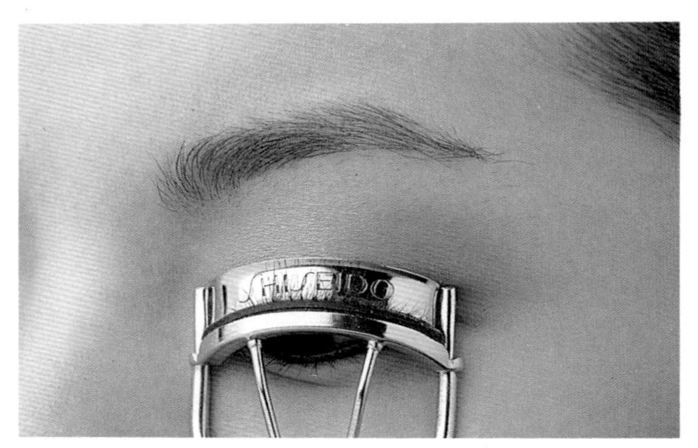

攝影／蘇金來

●睫毛膏

使用睫毛膏的目的，是要使眼神更加深邃動人。睫毛膏除了黑色、褐色之外，尚有湛藍、翠綠、紫色或鐵灰藍等，目前甚至有使用透明睫毛膏的趨勢。雖然塗刷睫毛膏是化妝最後一個步驟，但因在化妝的過程中，容易沾上粉底、香粉、眼影等粉末，就像頭髮長有白髮一樣，會有老態的感覺，尤其是透過銳利的攝影鏡頭，因此化妝時絕不可輕忽睫毛膏的使用。

先以睫毛夾夾捲睫毛，再以睫毛膏仔細刷上，如有必要時，不妨多塗刷數次，使睫毛膏深入睫毛根部，並用睫毛梳儘量將睫毛刷開，使眼睛炯炯有神，同時顯得乾淨。

如為造型上的需要，可再加裝一副假睫毛，並緊密重疊在原有的睫毛上，然後再加畫一道眼線，會使其眼部自然同時更加靈活明亮。此外亦可配合造型，改以種植的方式，加強需要強調的部位。

眉毛

眉毛是五官中讓臉部表情更具豐富性，給人留下更深印象的功臣之一，因爲眉型的描劃和眉色的明暗，可以給予人喜、怒、哀、樂的不同表情。如眉峰的高低可以決定表情的強弱，眉峰的角度愈大、表情愈強，孤度愈圓、表情愈柔；如果眉頭集中並加深色澤，便會有多愁善感的印象產生，同時眉尾的長短也具有調整臉部大小的效果。因此在拍照時，眉毛應比平常更注意描劃。

選用黑色眉筆來描劃眉型時，不宜劃得太粗、太寬，應以自然爲原則。基本上應考慮頭髮的顏色與造型的需要，不妨巧妙混合深淺咖啡、深灰及黑色等顏色之眉筆，補描出自然又能與原有眉色相符之色彩。

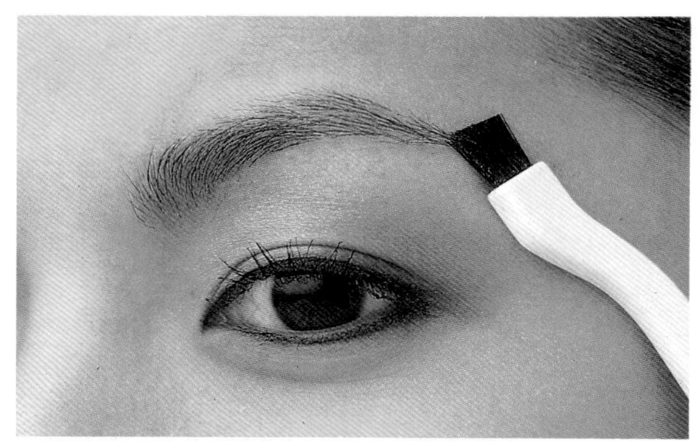

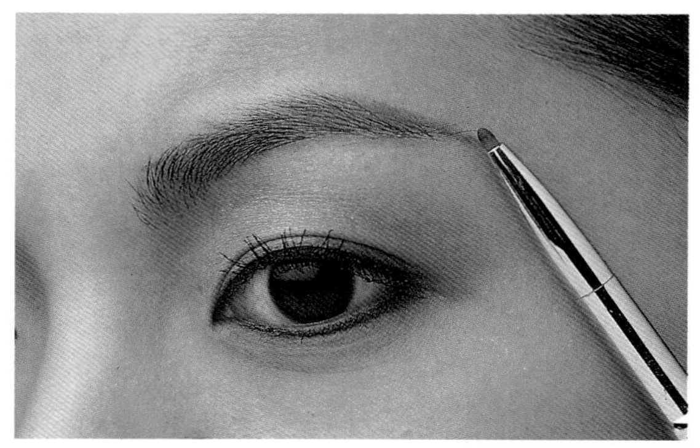

攝影／蘇金來

<修飾要訣>

描眉毛時，先以眉刷梳整眉流，邊梳邊觀察眉毛左右的平衡，並確認眉毛眉流並列的狀態、濃淡。然後選擇適當眉筆顏色，順著眉毛生長方向，一筆一筆的補描，並順著毛流往外延長。再以眉刷刷順、刷服貼，刷出自然的層次感。

如欲增加立體感並使眉型更漂亮，還可以再用造型眉刷，創造此種效果。

此外，爲避免化好妝後眉色在鏡頭中被吃掉，可在完妝之後再次觀看是否需要補色。

唇部

唇是整體化妝中最強烈的部分，因爲唇膏色彩的濃、淡、輕、重，同樣可以改變整體印象的情感。因此唇膏的色彩選擇，除了搭配服裝和眼影的色調之外，還應考慮季節的流行、模特兒的唇色與唇型。

厚唇唇膏色彩的運用

攝影／蘇金來

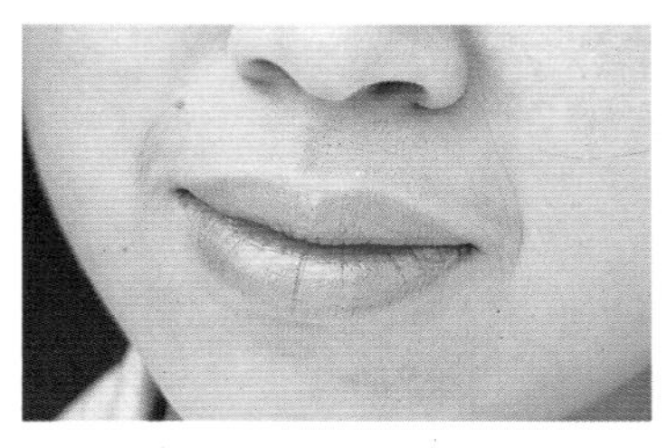

●豐厚的唇，使用淺色明亮唇彩，唇型更顯豐厚。

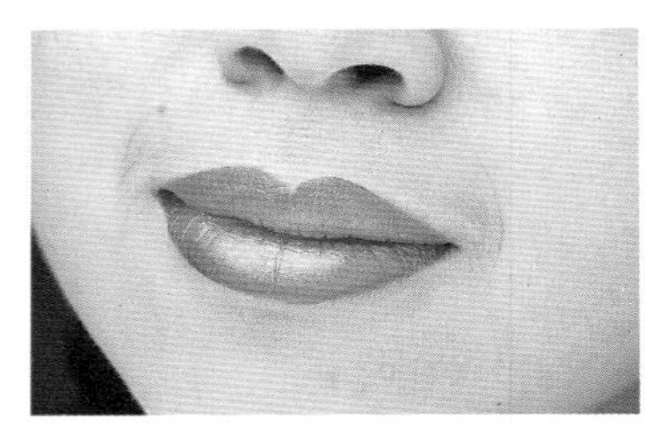

●如果以深色唇線筆修飾輪廓，使其有收斂感。

●用暗色的唇膏，更可達到收斂的效果。

薄唇唇膏色彩的運用

攝影／蘇金來

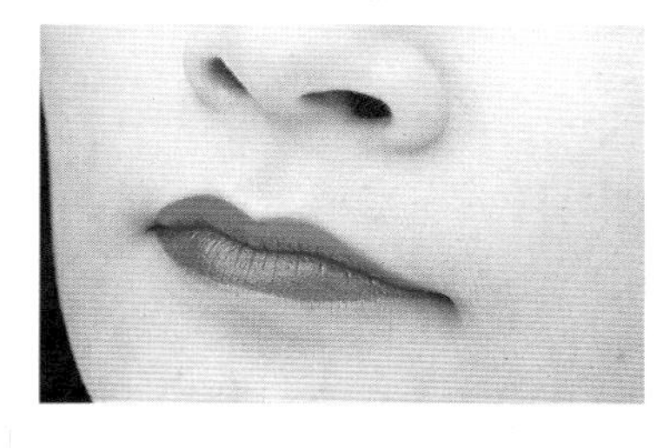

●使用暗色唇膏，易過度強調單薄的唇。

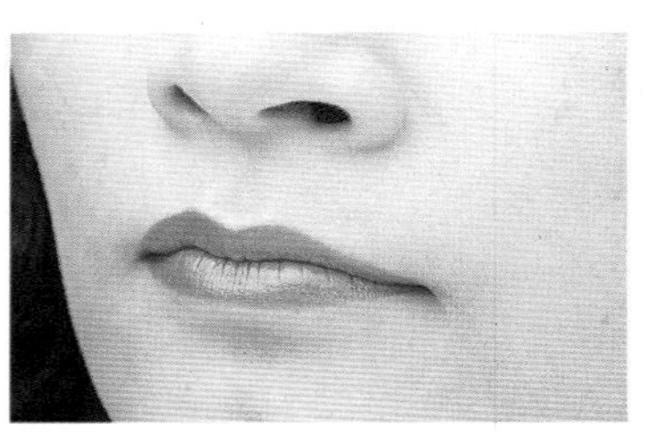

●以暗色唇膏增加上下唇厚度，內唇塗以淺色，可減緩單薄的雙唇。

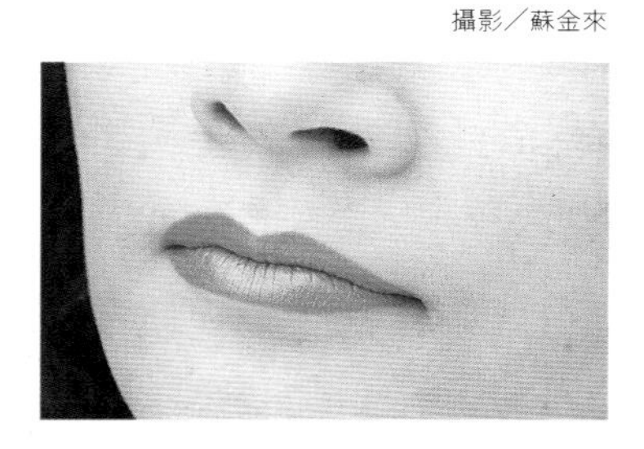

●使用淺色系唇膏，輪廓可延著唇緣加寬。

所以一般而言，帶灰色調的粉紅色唇膏很容易被粉底掩蓋掉它的光彩，除非是保養訴求的自然化妝，可採用此色調唇膏之外，無論是拍攝黑白照片或彩色照片都應避免使用。除此之外，照相應避免使用油質或珍珠亮彩的唇膏，否則會因吸太多的光，而使得照片中的人物極不自然，唇膏最好選擇以粉質或稍帶亮粉的爲佳。

然而化妝基礎的理論，並非是絕對的。例如，晚宴妝，想襯托整個嘴唇的飽滿亮麗，則應以油質唇膏強調內唇的部分，再以粉質唇膏勾邊，其突顯的效果將更加理想。

<修飾要訣>

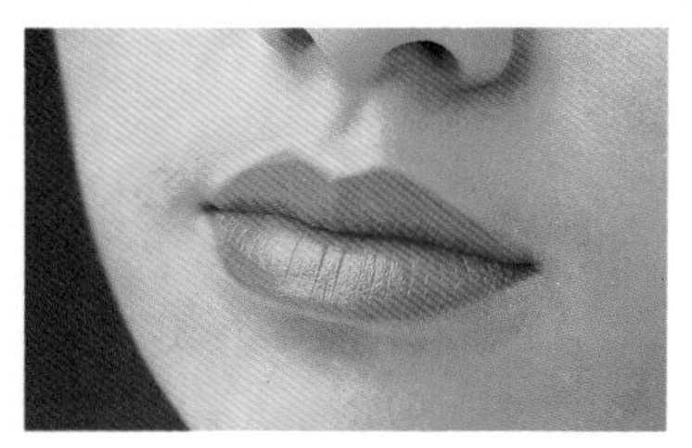

基本上，想擁有漂亮的唇型，先以較深色調的唇膏或唇線筆，先描出唇型外輪廓，然後再以淺色唇膏將內唇填滿。如欲增加立體感，可運用同色系的暗色調描邊筆，再加深唇的輪廓。而加亮光唇膏時只要在靠近雙唇內緣稍加即可。

爲防止唇膏的外滲，最後以化妝紙吸掉多餘的油分，如果想使唇部色彩顯得柔和自然，不妨輕按上蜜粉，同時也可使唇膏持久，不易脫落。

腮紅

腮紅的塗刷方式，隨著時代流行趨勢的不同而有所變化，但在其變化的技巧中，均不離基本的概念，亦即應先觀察模特兒的臉型，考慮腮紅修飾時的直線與孤度之平衡；再選擇正確腮紅的顏色，如配合膚色、整體彩妝的協調，如此才能把化妝襯托的更加漂亮。

依其臉型運用腮紅，基本上可分爲下列三種技巧：

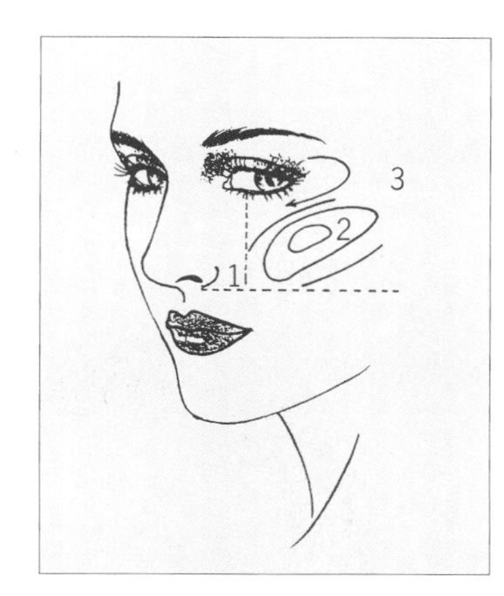

塗刷腮紅的界線 —— 縱線是眼睛瞳孔爲標準稍靠內側；橫線至鼻尖梢上方處。

(1) 以顴骨爲基點，色彩最濃，以帶圓的塗刷法向外暈散，給人可愛感。

(2) 從太陽穴開始直到眼睛下方顴骨處，淡淡朦朧的刷成細長的三角形，顯得自然柔和。

(3) 從眼瞼眼尾處通過太陽穴，一直到眼睛下方如把外眼尾處包圍起來。

至於該如何選擇腮紅呢？因爲腮紅可以決定氣質，所以在頭髮、服裝都打扮妥當後，看看整體的印象再來決定腮紅顏色是最理想的。

腮紅千萬不可刷得太多、太紅，刷淡一點，同時應注意位置與彩度。若臉頰部有雀斑、黑斑，應避免使用含有銀粉的修容餅。

以腮紅刷沾滿腮紅，用手背把多餘的粉刷落，再沿著頰骨自上而下的刷拭，並自然的將色彩暈開。

攝影／蘇金來

臉型修飾

攝影時，受到棚內光源的影響，因此專業的您必須去觀察光和影的關係。要修飾臉型時，不妨用雙手輕輕放在額頭、臉頰的兩側，目測出所產生的陰影，這就是修飾時所要選擇的色彩的最低限度之依據色。

<修飾要訣>

想使臉頰具有立體感，在化妝之後，可於顴骨下方塗刷較深的色彩，加強一些陰影的效果，但需與顴骨上的腮紅相互融合。

如果有雙下巴、額頭寬……等，亦可利用深色腮紅來掩飾；相反地，如果想掩蓋臉部的凹陷線條、額頭部較深的皺紋、眼睛旁的魚尾紋、嘴角兩側下垂的臉部肌肉，利用明色腮紅來修飾。最後再以蜜粉全臉整妝，利用大毛刷輕輕刷除多餘的粉末。

攝影／蘇金來

一個成功的化妝，固然須配合個人的臉型、喜好、場合、主題設計的需要，但是也不能忽略整個化妝的調和感，才是具有美感的照片。

重點摘要

當攝影畫面由黑白世界轉成彩色世界時，整個畫面的表現就如同我們生活四周存在的各種色彩環境，透過肉眼任何人都能感受到色彩在色相、明度、彩度上的變化，甚至還可以藉由不同色彩的搭配組合，創造多彩多姿的造型印象。

雖然色彩的運用在彩色攝影化妝中並沒有一定的限制範圍，但是除了要熟悉色彩、色調的特性加以應用，在整體的概念中色彩還是可以大致分類爲冷、暖及中性色系，設計者不妨在色彩搭配時加以運用，加強表現主題的效果性。

彩色攝影化妝的基本要領大抵與黑白攝影化妝相同，然而必須注意的是彩色畫面可以很清晰的將色彩濃淡的層次變化呈現出來，因此在進行化妝修飾時，就更要講究擦抹、推勻的細部技巧，以及皮膚粉底的修飾和色彩的搭配運用，這樣才能呈現出漂亮的彩色畫面。

在進行化妝修飾時，膚色的表現方面應掌握妝前霜的膚色調整、配合膚色的粉底色系選擇、斑點黑眼圈掩飾、輪廓修飾等重要步驟。

此外由於每個人的膚色、皮膚狀況都未必完全相同，因此在選擇妝前霜和粉底以及香粉時，最好能視個人狀況來選擇顏色及色號，才能眞正呈現膚色修飾的效果。

至於修飾技巧，粉底方面可以靈活運用推抹、拍打、拍推的技巧；香粉則儘量運用大的海棉粉撲以及大面刷，使所上的香粉牢而自然。色彩方面，則應避免帶銀粉造成反光現象。此外在整個化妝完成後，最好再次觀察整個色彩的濃淡調和度，尤其是眉毛的部分，若是發覺太淡或太濃則可在此時再次調整，使化妝具有整體性。

問題研討

1. 彩色攝影化妝可以依哪些要領進行使畫面漂亮？
2. 彩色攝影化妝如何掌握膚色修飾要領？
3. 彩色攝影化妝如何配合不同膚色選擇不同場合適用的粉底色號？
4. 蜜粉顏色如何視需要做不同的選擇？
5. 進行彩色攝影化妝時，須如何掌握眼、唇、腮紅、臉型修飾的技巧要領？

攝影化妝技巧篇

隨著彩妝新潮流的發展，化妝不再僅侷限於色彩與線條，而是可以運用各種技巧來擺脫原有的慣性模式，改以質感訴求的設計原則，全新的詮釋出彩妝潛藏的生命力。

運用粉底的質感，可分爲：透明感、粉質感及明亮感。基本上都是先塑造出極爲乾淨自然的粉底，再運用其他重點化妝色彩，包括蜜粉、眼影、腮紅、口紅等，強烈表現所需質感畫面的平衡效果。

透明潔淨的彩妝

對化妝效果的表現而言，一張極爲透明的臉，並非是毫無修飾的素淨臉龐，而是運用化妝技巧的修飾，再藉助燈光氣氛的營造，從髮絲到彩妝均散發著純淨、透明、晶瑩的質感。

表現重點

膚色—

澄淨自然，突顯粉底質感。

此款彩妝表現透明（Transparent）、光亮（Shining）的皮膚質感，所以粉底的使用技巧爲其重點。首先，粉底採用較具滋潤性的粉霜或粉蜜，以按拍的方式上妝，同時利用深淺粉底修飾臉型輪廓，並依其修飾的需要性，運用各色妝前修飾霜或遮瑕、蓋斑商品局部再加強，讓臉龐的皮膚自然展現純淨的膚色感。

化妝色彩—

透明潔淨的彩妝，色彩感給人稀薄的印象，所以在化妝選色時，在色調方面依曼塞爾色調表，儘量採 very light 極淺的色彩爲宜。

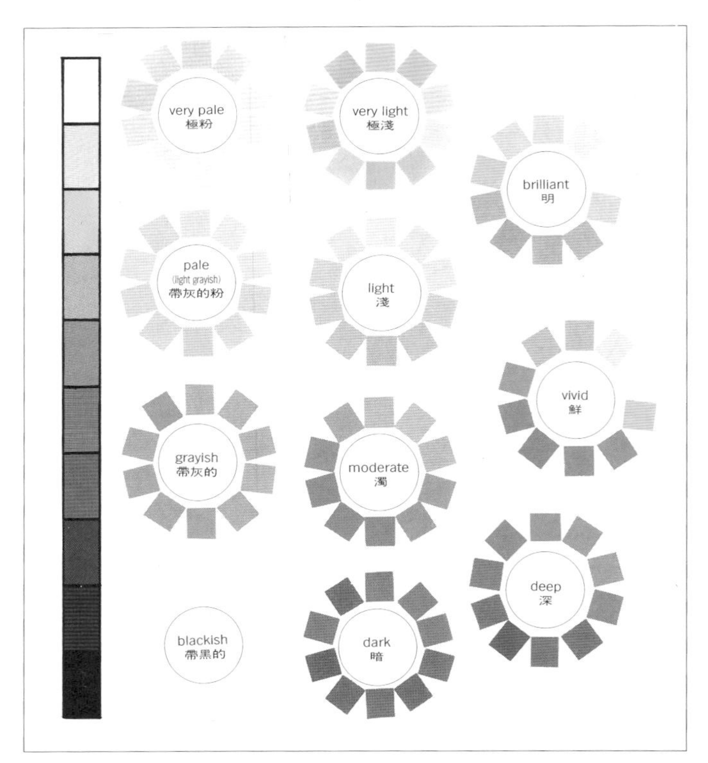

●極淺（very light）色調之色彩意象：

溫柔、羅曼蒂克、清純、高雅、清爽、純真、輕愁、氣質、文靜、夢幻、幸福。

化妝技巧一

眼部

眼影以刷子淡掃出不著色的感覺，並以眼線筆沾取少量暗色眼影在睫毛際修飾眼形輪廓，睫毛夾捲並著重睫毛膏的使用。眉毛雜毛整理乾淨，補描出自然的弧度輪廓，再用造型眉刷使眉流乾淨整齊。

腮紅

運用中間色調的腮紅，自然的由頰骨向耳下線修飾，襯托透明潔淨的感覺。

唇膏

採以帶有光澤的淺色系唇膏並稍加描出輪廓，拍照時，再以化妝紙輕輕按壓。

●化妝給人自然、透明、潔淨感的效果。

粉質的彩妝

粉質的彩妝利用暈色技巧調整五官輪廓的比例，以眼部神韻的創造爲表現重點。除了藉助柔和的燈光營造效果外，像以霧光粉蜜、麗容餅，也都是可以加強效果的商品，若想使粉質感的效果更加完美，可在按下快門的前一刻，以修容刷沾取大量的蜜粉，於模特兒的臉龐上塗刷勻稱。

表現重點

膚色—

避免採用油性粉底，使粉質感容易凸顯。

化妝色彩—

粉質感的彩妝，色彩給人柔和的印象，所以在選色時，在色調上明度、彩度應採極淡的色調，如 very pale 極粉的色調。

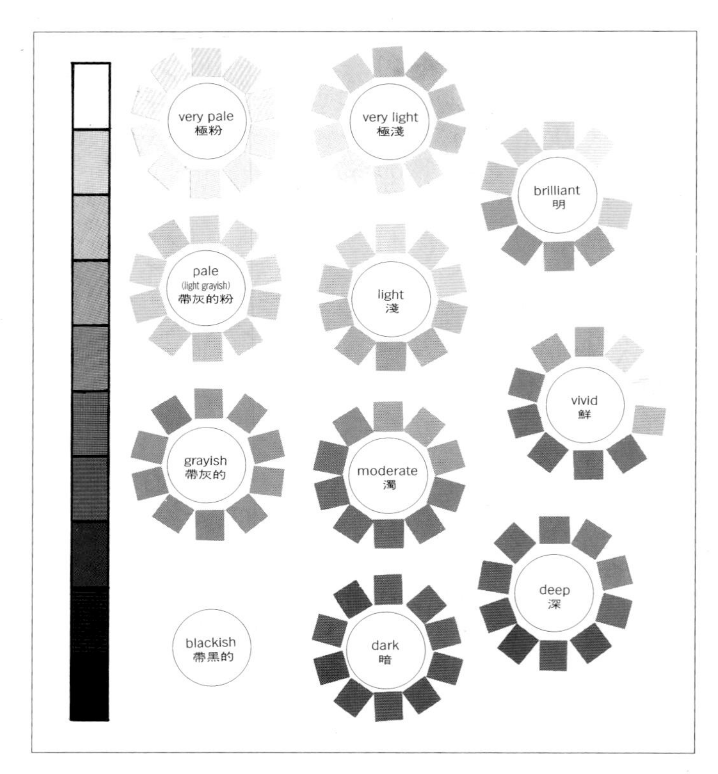

●極粉（very pale）色調之色彩意象：
清爽、輕快、純眞、恬雅、飄逸、安詳、恬淡、清涼。

化妝技巧一

眼部

從粉質的底妝開始貫穿整體的設計，眼部化妝的範圍不再只是上眼影的表現，而是延伸至下眼瞼的劃法，使整個眼部有連接感，利用同色系深暗色調創造立體感。

腮紅

爲使之與眼部色調相呼應，腮紅色彩的選擇也相當重要，以膚色加粉色調，以頰骨爲中心自然暈開，創造自然陰影的立體效果。

唇部

以略具粉色感或霧光或能揮發油份的唇膏爲宜，或以少許粉底霜調和唇膏塗於雙唇間，創造粉質的唇色。

●整體的化妝效果，表現極為細嫩的粉感印象。

明亮感的彩妝

此款彩妝的設計，是利用油份、滋潤度高的粉底——粉條，使五官線條美感，具充滿個性化的彩妝，展現更具流行的美感。

表現重點

膚色—

表現光潔、明亮的粉底質感。

化妝色彩—

明亮感的彩妝，色彩予人明亮的印象在選色時，色調方面應儘量採以 Brilliant 亮色調之色彩爲最理想。

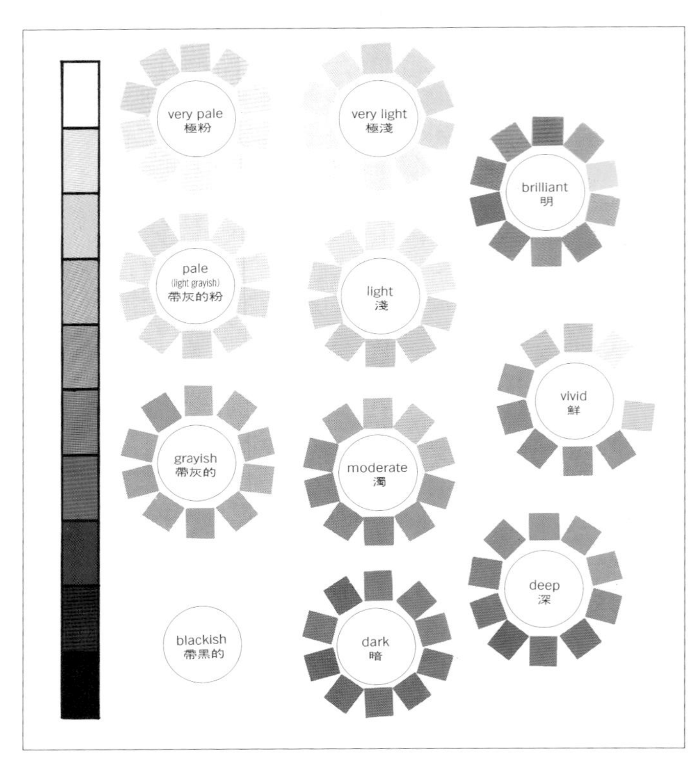

●明色（Brillint）色調之色彩意象：
明朗、活潑、心情開朗、青春、快樂、新鮮、年輕、朝氣。

化妝技巧一

眼部

爲了要表現「質感」的效果，使用帶有油質感與光澤的眼影，以棉棒按擦方式，使眼影的明度、彩度呈現出來。

腮紅

刷的範圍避免大片，可在上粉底之前先使用。

唇膏

使用帶有珍珠質感的高亮度唇膏，創造整體感覺。

●傳達出另一種全新的質感美。

重點摘要

攝影化妝隨著化妝技術水準的提昇，已擺脫了單純以人爲訴求主題的攝影方式，換句話說，人只是其中的一個元素，在整個畫面的營運上，除了需注重攝影的燈光、取鏡、背景之外，化妝也由主題的表現，擴展到以意識表達或視覺效果爲目的的方式。在此趨勢下也促使了化妝造型的空間更加廣闊、更富有彈性。

也正因如此，設計師們往往可以擺脫既定的模式，透過富有巧思的企劃提案，在與攝影師充分溝通後，使畫面呈現嶄新的風格，所以，一個成功的攝影化妝，設計師固然有其不可忽視的重要地位，但是也必須和其它周邊因素的配合才能獲得最理想的成果。

尤其是攝影的畫面是以展現化妝技巧的質感爲主時，如果能藉由攝影師的配合，便可使欲表達的效果更加的在畫面上被突顯出來。

問題研討

1. 試述透明感的彩妝如何掌握膚色、化妝色彩、化妝技巧的要領？
2. 試述粉質感的彩妝如何掌握膚色、化妝色彩、化妝技巧的要領？
3. 試述明亮感的彩妝如何掌握膚色、化妝色彩、化妝技巧的要領？

第6章
不同年齡層之攝影化妝修飾技巧

配合不同媒體與商業用途，在不同的企劃上，自然會有不同的年齡、角色與場景的訴求，化妝也會因造型上的設定，而有不同技巧性的改變。因此依據不同的對象而掌握不同的修飾技巧，將使畫面的訴求效果更加顯現。

中年女性攝影化妝

女性在每一個不同的年齡階段雖然各有其不同的美，然而無可否認的，當平滑的肌膚逐漸出現皺紋時，縱然只是細小的紋路，仍然令女性心驚歲月的催人老。因此，開始與皺紋逐步結緣的中年女性，還是得適度的掩飾與修飾，這樣才能彰顯中年女性的風采。

粉底—膚色的修飾

中年女性因年齡的增加，細胞的機能會衰退、角化無法順利進行。肌膚容易變暗濁、乾燥，宜選擇滋潤型的粉底，色調亦應避免過白。

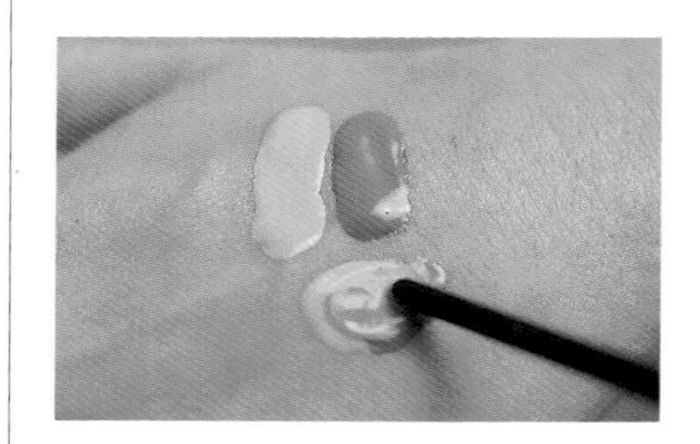

調色

●使用綠色妝前霜先行局部掩飾暗沈的部位。再使用蓋斑膏或遮瑕膏淡淡修飾黑眼圈或明顯的斑點，以逐次少量的技巧在肌膚上重複輕拍。

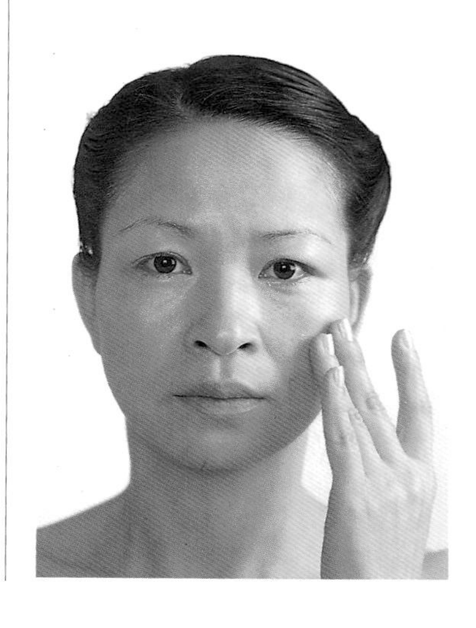

粉底

●再利用調色的技巧，以深、淺兩色粉底，調出適合模特兒肌膚的彩色。以輕拍粉底的方式，薄薄的推開。按上蜜粉，使肌膚透明、潤澤。

重點化妝

您是否認為想表現年輕的妝扮，就應該選用明亮鮮艷的顏色？實際上卻不然，尤其在化妝時，使用越艷麗的色彩，就越易暴露缺點。

眼部

中年女性眼部彩妝最好選用灰、褐等中性色彩，尤其有皺紋者，更忌使用明亮色澤，以免強調出眼部缺點。

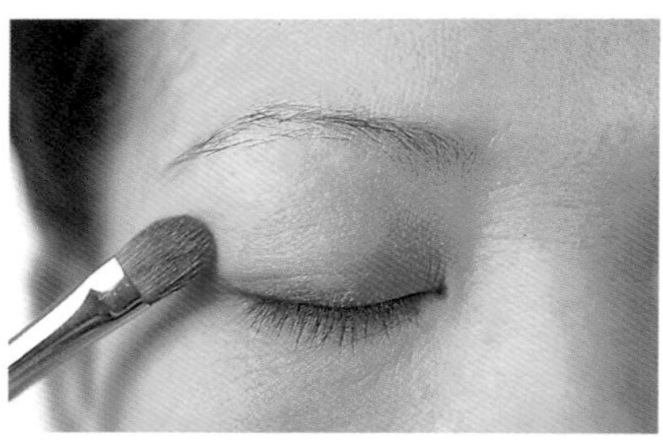

●塗擦眼影時，靠近睫毛處要濃些，並且要特別注意將眼影與膚色的交界處推朦朧。若眼皮鬆弛且眼尾下垂時，擦眼影時，上眼瞼不得超出眼寬。

●利用眼線的描劃，使鬆弛的眼睛有收緊感。所以眼皮鬆弛下垂時，分別由眼頭與眼尾向著眼中央描去，比較自然。

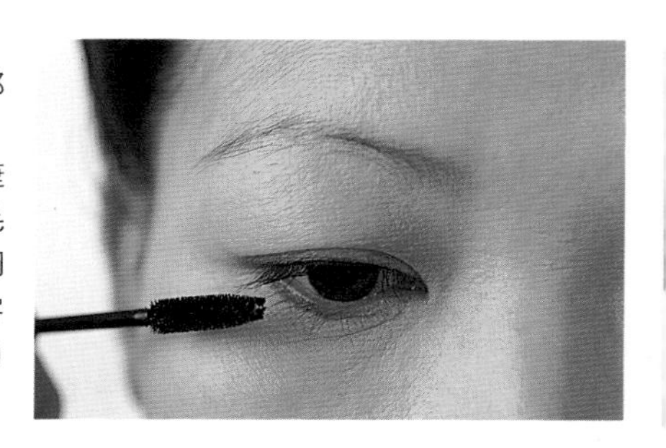

●為使眼部更加有神，不妨在上睫毛刷上睫毛膏，勿強調下睫毛（容易顯出眼角的皺紋）。

眉毛

●以褐色系和灰色系並用，描劃眉毛稀疏的部分使月灰色的眉筆，褐色的眉筆則由眉頭描畫到眉尾，使眉毛的顏色與髮色自然的融合。

唇部

●唇必須以唇線筆或唇筆勾出清晰的輪廓，採用較鮮艷的色澤，並在上、下唇的內側擦上少許的亮晶唇膏，強調唇部的光澤。

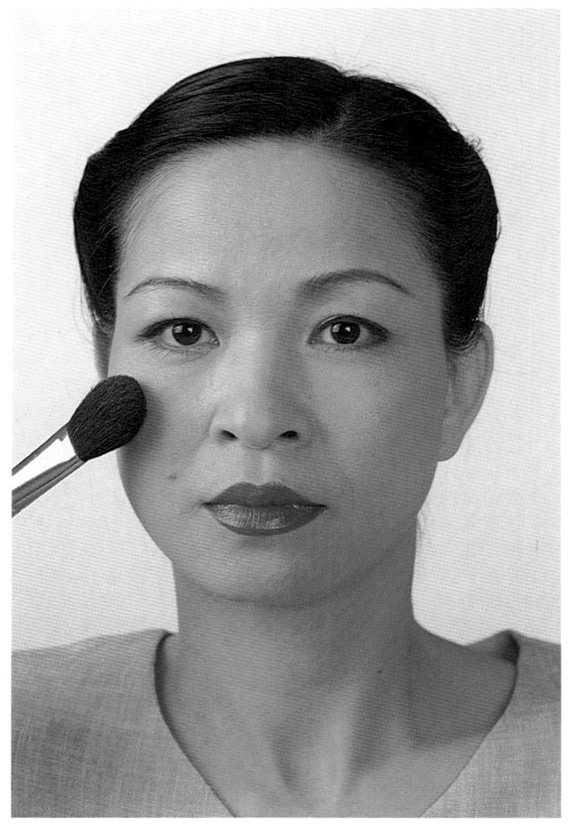

修飾

●最後整妝時，先以腮紅依模特兒臉型修飾，如果臉頰上有黑斑、雀斑時，應刷上淺色腮紅，再以深、淺不同的蜜粉整臉按壓修飾。

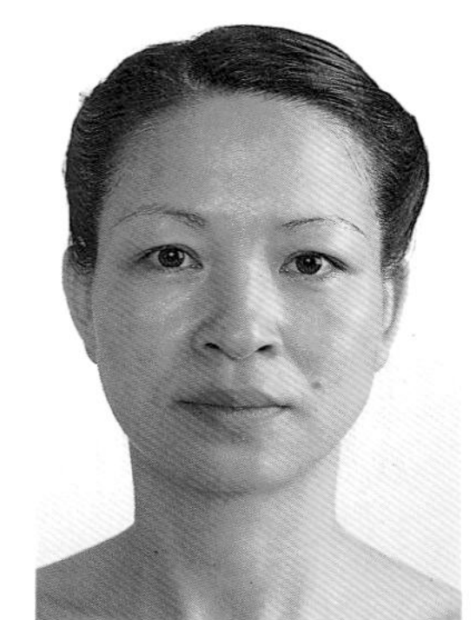
素肌

完妝

重點摘要

中年女性由於年齡增長的影響，臉型輪廓和雙頰肌肉會產生變化，這時的膚色修飾非常重要，因爲通常這時期的女性大致會出現的問題如膚色暗濁、斑點、皺紋、雙頰凹陷等等，都需要藉助有技巧的運用粉底的類別、色調、擦抹技巧，來達到改善的效果。

重點化妝方面，眼部須注意色彩的使用以免暴露缺點，而在擦眼影時也應針對較容易鬆弛的眼瞼，運用技巧使眼睛收聚有神。唇部一定要用唇線筆勾出清晰的唇型。此外隨著年齡的增長，眉毛會逐漸稀少，如果能使眉型適度的描劃修飾出來，不但看起來更有精神，也會顯得年輕許多。

因此年輕雖然無需在彩妝上多加著墨，然而進入中年，不妨善用掩飾與修飾的技巧，使中年女性一樣能成爲耀眼的影中人。

問題研討

1. 試述中年女性容易出現的皮膚現象？
2. 如何掌握中年女性修飾的技巧？

銀髮族攝影化妝

在各種人像攝影化妝中，最需要精心處理的就是老人臉上多皺的表情變化。光線的處理是銀髮族攝影的重點之一。可藉著他們皮膚上的皺紋、線條以及斑點來表現老人獨特的個性。要強調面部的線條時，以側面強光直接照射；而柔和的側面打光，則可以拍出皮膚上條理有緻的紋理，不會強調出皺紋。

但是不論何種年齡的女性，都希望畫面中的自己是漂亮的，所以同樣必須要利用化妝的技巧，使畫面中歷盡風霜的面龐，也流露出歲月的的美。

因年齡的增加，而產生臉部肌肉的變化，可分爲豐滿鬆弛和瘦削骨架突出二大類別：

瘦削、骨架突出

豐滿鬆弛

因此攝影時，爲顯得年輕感，看起來親切、雍容、高貴，必須了解年齡增長而出現的肌肉變化。同時化妝應採用柔和無光澤的色彩最理想，不要選用鮮艷或帶珍珠光澤的色彩。

粉底——膚色的修飾

肌膚的透明感喪失，膚紋變粗，因此不宜使用太厚重的粉底。除了選擇接近肌膚的粉底之外，應另外準備兩種粉底，一種是暗色粉底；一種是淡色粉底。

瘦削輪廓修飾

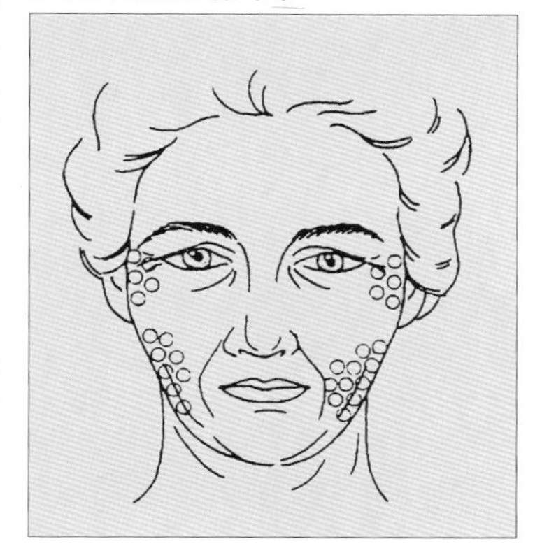

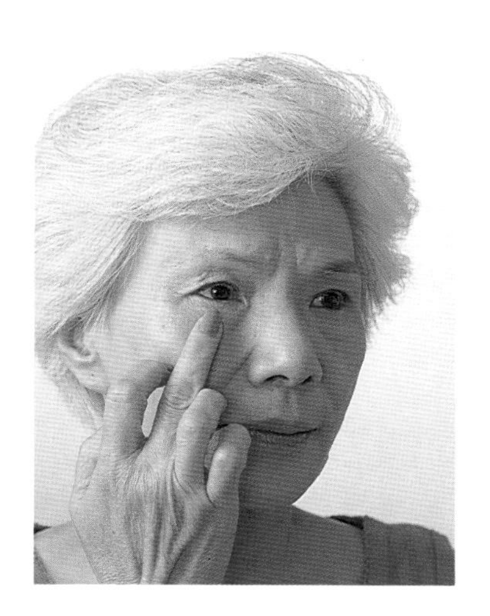

●擦粉底時，因眼部四周的小皺紋明顯，粉底要少量沾在指尖，以推抹、拍按的方式，薄薄地仔細擦上。

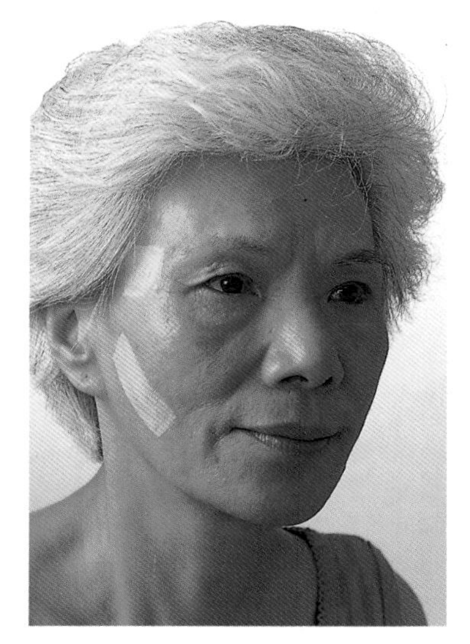

●瘦削、骨架突出者，雙頰肌肉陷下，頰骨下方和太陽穴附近凹陷，在凹陷明顯處，擦上淺色的粉底，使臉顯得豐腴。

最後使用蜜粉，量則避免使用過多，否則容易浮粉，反而產生明顯的皺紋，使用蜜粉後必須利用大毛刷掃掉多餘的粉末。

豐腴輪廓修飾

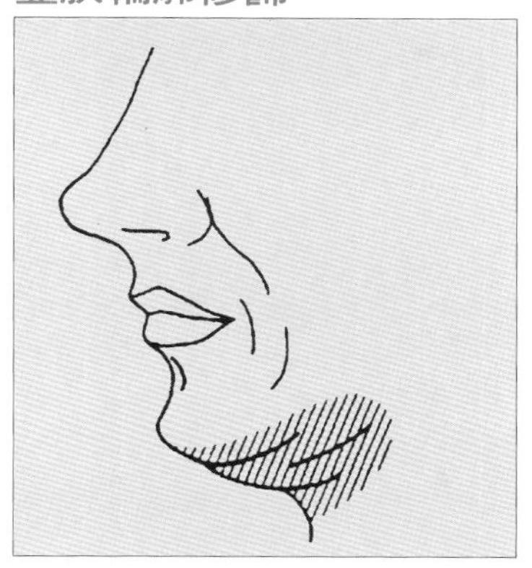

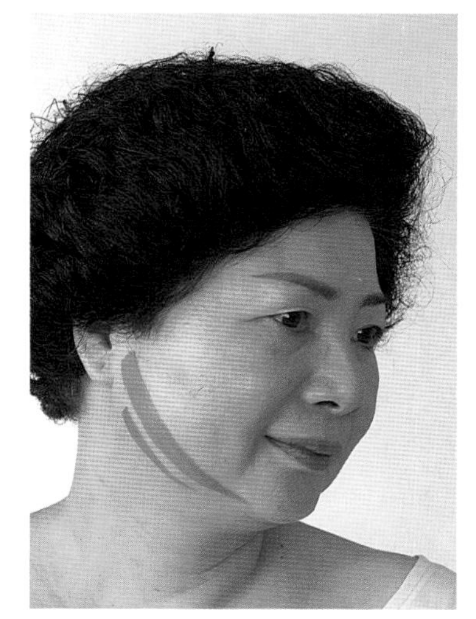

●豐腴鬆弛者，從下顎到頸部有明顯雙下巴，以致豐腴得出現鬆弛的現象。化妝時，應於鬆弛明顯的部位，擦上比全臉稍暗的粉底，使臉顯得收斂。

重點化妝

隨著年齡的增長，上眼瞼會垮蓋下來或是變成下垂的感覺，而且眼睛四周小皺紋及暗沈等現象也會明顯起來。

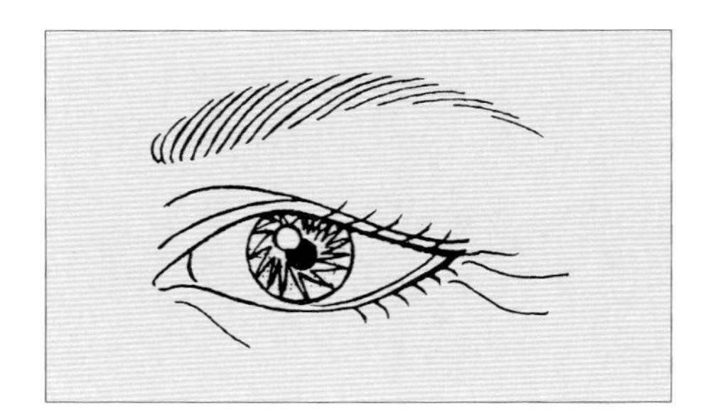

眼部

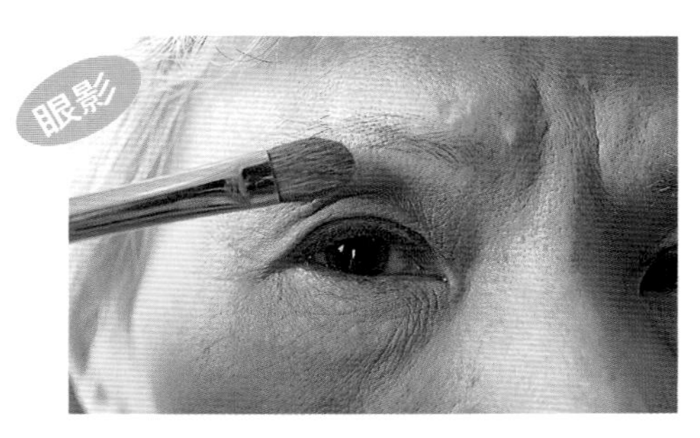

●為掩飾眼瞼的暗濁，眼影色彩選擇明朗柔和的色調，以兩色相近顏色搭配。淺色用來刷眼皮和眉骨整個眼瞼，其次選擇做為重點的暗色，由眼頭至眼尾朝向眉骨方向刷去，眼尾稍寬廣且帶上揚感，減輕眼睛下垂現象。

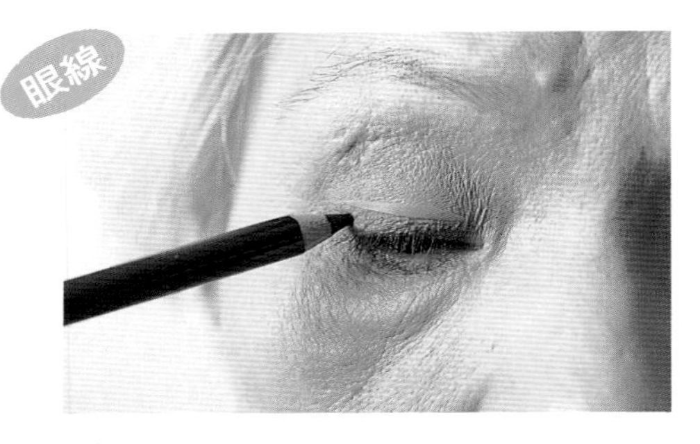

鬆弛

●以柔和的棕色眼線筆來描劃，如果皮膚喪失張力眼線不易描劃時，以眼線筆運用逐次重複描劃短線的方式，描劃出眼線。

浮腫眼瞼重疊

●如果是眼瞼重疊看不到眼線時，只需要在眼頭、眼尾稍微向中央自然描上。

●下眼瞼由眼尾 1/3 處開始描成上揚的感覺。

●年齡的增長，睫毛數會減少或是色素變淡。而且會由於上眼瞼搭蓋下來，使睫毛看起來短。

●如果想使睫毛稀疏淡的人，看起來濃密，則使用摻有纖維的灰色或咖啡色睫毛膏。

眉毛

因受年齡增加的影響，眉毛會產生脫落、變細、變少，而且毛流也變得容易下垂。

●稀疏的眉毛描劃時，先觀察眉毛生長的情況，巧妙地混合褐色和灰色眉筆補描出自然的眉毛，並留意模特兒的髮色。如果髮色偏灰白時，不可描出偏黑偏濃的眉色。

●以修飾筆修飾眉毛

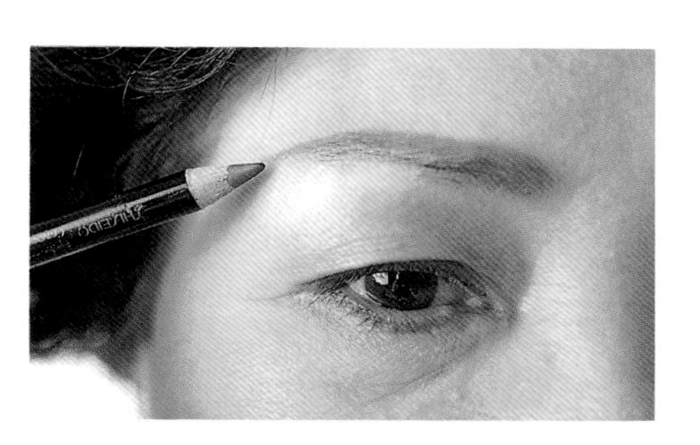

●如果模特兒有紋眉的情況時，先以粉底、遮瑕膏或修飾筆，以逐次少量的方式輕拍，自然的掩飾，再仔細補描出漂亮的眉色。

唇部

隨著年齡的增加，上唇的唇峰會偏離而變得扁平。還有嘴角也會下垂，輪廓變得模糊。

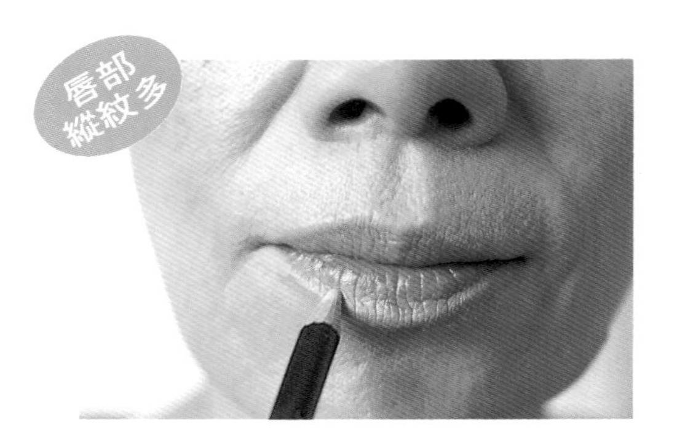

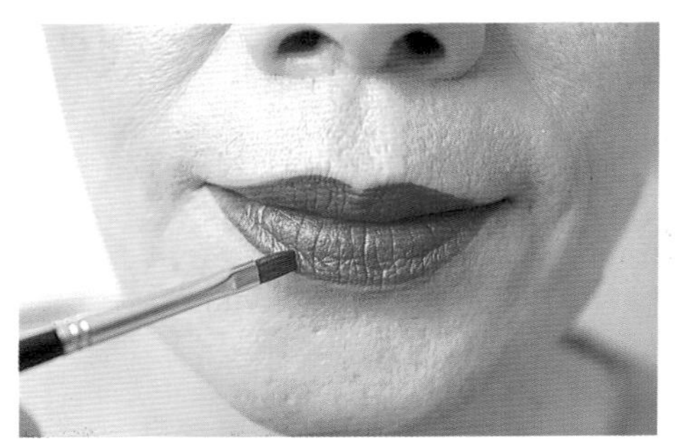

●唇部附近皺紋變多，為避免唇膏流入皺紋內，並且改善模糊的唇型輪廓，應先以接近膚色的修飾筆描出輪廓。再以唇線筆描出輪廓，填滿內唇時，唇筆以垂直移動，將縱紋之間也填滿。

●利用修飾筆，修飾下垂的唇角，再以唇線筆清晰地描出上唇峰，上唇以內曲線將兩端嘴角抬高，使其產生嘴角往上揚的感覺。

●基本上，唇膏色彩可搭配服飾整體來選擇，同樣避免使用鮮艷的色調，應以玫瑰系和褐色系，儘量避免泛白和過暗的顏色。

腮紅

瘦削

●腮紅同樣以淺色較爲理想，宛如包住眼睛，並淡柔的刷勻。腮紅避免選用暗色，應以淺色爲佳。

豐腴

●腮紅同樣以淺色較爲理想，以帶斜長的方式來自然擦拭。

瘦削整體印象

●穿著中性色彩的服裝時，爲使整體畫面的協調性，眉色不宜太濃，唇色採柔和的紅褐色。

●如果著色彩較鮮明的服裝時，不妨稍加重眉色，並使用較爲鮮明的唇膏色彩，讓整體感更加亮明。

豐腴整體印象

年長的銀髮族，不必刻意強調眼影的劃法或色彩。但變化造型時，可以運用眉色和唇色改變整體給人的印象。

●如果穿著較亮麗的服裝時，同樣希望擁有收緊的效果，此時就可利用光源和角度的攝影技巧來控制。

●豐腴的銀髮族為訴求高雅感，同時具有收緊的效果。選擇黑色服裝與珍珠的飾物，搭配淡雅的彩妝。

重點摘要

當一個人被冠上銀髮的頭銜時，雖然已被標示出歲月明顯的烙印，但是由另一個角度來看也正是人生閱歷最爲豐富的階段。這時的攝影化妝反而無須刻意掩飾臉上的皺紋，使銀髮族獨特的個性表現出來。不過爲求畫面的效果表現，可以善用粉底的明暗色調，以及適當的色彩選擇來降低彩度和光澤度，以彰顯親切、雍容雅緻的韻味。

邁入銀髮階段的女性，通常不是很豐腴就是傾向瘦削，顯現兩極化的體態傾向。因此修飾時應針對不同的狀況來修飾，例如，豐腴型女性要注意鬆弛贅肉的修飾；瘦削型的女性則要注意凹陷處的修飾。

重點化妝方面，眼部要留意鬆弛下垂的眼尾及眉型描劃補色，此外如何運用眼線及睫毛膏使眼部有神采也是一大重點。而眉毛及眼線方面，由於此年齡有不少人都會去紋眉、紋眼線，爲避免拍攝出的照片在這些部分特別顯眼，應注意適度修飾。

唇部則要注意多皺紋的唇部修飾，以及會下垂的嘴角，當然色彩上也要避免鮮艷過於富光澤的唇膏，最後再運用柔和的腮紅來完妝。

總之，銀髮族的女性，固然無需過於修飾，然而藉由恰到好處的適度修飾，使銀髮族既能保有其他年齡無可取代的特質，又能使拍出的畫面充滿雍容之美，豈不相得益彰。

問題研討

1. 銀髮族應掌握哪些修飾的原則？
2. 銀髮族針對不同的臉部輪廓應有不同的修飾要點嗎？
3. 銀髮族的重點化妝修飾要點爲何？

男性攝影化妝

一般人都認為男性的臉部化妝並非絕對必要。事實上，男性是否需要化妝，應取決於模特兒本人的條件和所要拍照的類型而定。以往男性彩妝都用在公衆人物、流行界及特殊行業男性，其實只要掌握住適合年齡的自然彩妝，就能夠使男性更自信的面對相機。

男性的彩妝偏向臉型凹凸立體的表現，而不是色彩強調。男性使用的色彩，原則上以不帶亮光為原則，最好選擇與膚色相近或比膚色還深的。儘量避免採用過於鮮艷的顏色，只要將重點表現出來，突顯五官的立體輪廓，展現男性個人的特色即可。

年輕

●皮膚顯得紅潤、濃眉剛毅感、眼瞼有張力、睫毛際的線條鮮明、嘴角的下垂感不太明顯、充滿動力感。

中年

●在這段時期的中年男性肌肉開始產生變化，膚色稍偏萎黃，同時頭髮開始灰白，有些逐漸開始禿頭。眼、嘴、頸、鼻等處開始出現皺紋。瘦的人面頰漸形突出，胖的人下巴、頸部線條、喉部的贅肉逐漸下墜。

粉底

男性化妝強調臉形凹凸立體及健康表現，粉底選擇時，以與膚色相近或稍深的粉底色爲宜。

年輕

●粉底必須依男性模特兒個人原有膚色，可以不用打粉底或是簡單的選擇淺褐色或代表健康的小麥色粉底，全臉推勻稱，再選擇自然淺褐色的蜜粉或透明粉全臉按壓。

中年

●中年妝粉底以最自然的褐色系全臉推勻稱，有小皺紋處或與肌膚交界如頸部、耳朵、髮際等必須仔細推抹勻稱，再按壓上褐色系蜜粉。

重點化妝

眼部

眼影和眼線的畫法和顏色，同樣以自然爲原則，顏色主要是以咖啡色和灰色爲主。

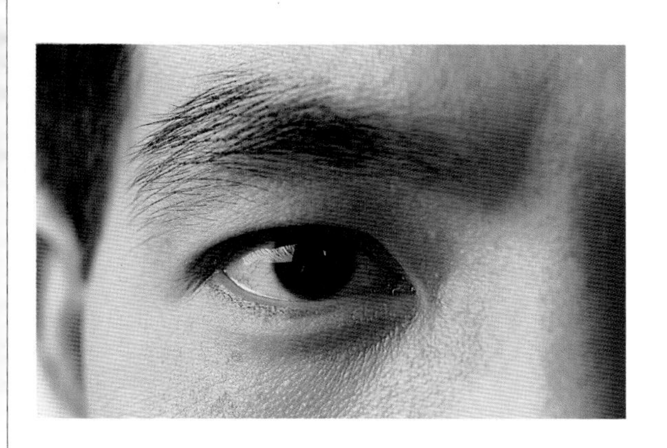

年輕

●以咖啡色眼線筆或棕色眼影，在睫毛際上補描細細的眼線，再以咖啡色或灰色眼影刷於眼窩或鼻樑處，以指腹推勻，表現立體感。可利用無色睫毛膏，使睫毛變粗些。

●眉毛以眉刷沾取灰褐色，淡淡的刷上，最後再利用造型眉刷，刷出剛毅漂亮的眉型。

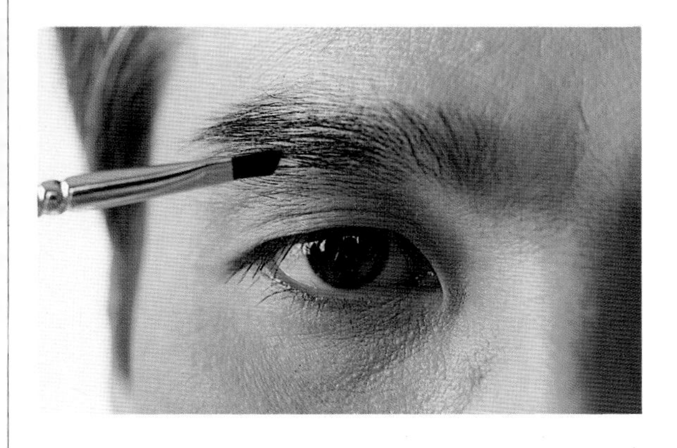

中年

●爲了掩飾容易顯得渙散的眼神，以咖啡色或灰色眼影刷於鼻樑與眼窩處，並加強眼頭與眉頭的部分使眼神凝聚有神。

●如果模特兒眉毛稀疏、中斷者，可用深咖啡色或灰色調眼影調和，並利用棉棒淡淡刷上，並用眉刷刷開使之自然，讓缺少光彩的眼睛變得有神。

●模特兒的眉毛如果仍非常濃密時，就無需再刻意描劃，只需利用造型眉刷挑出眉型即可。

唇部

可運用棗紅或豆沙色等接近膚色的色系。

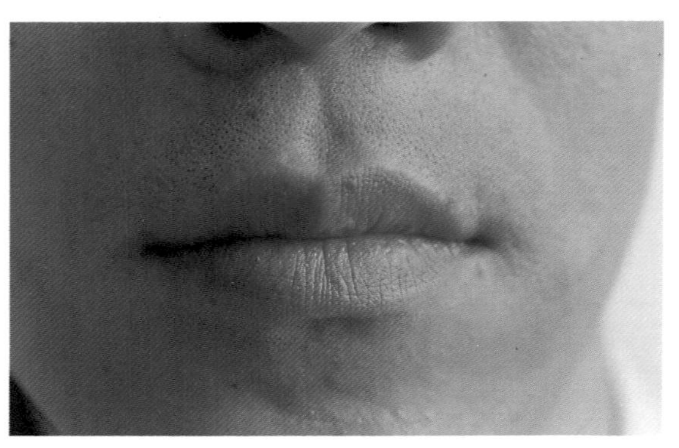

年輕

●唇部分，擦以淡磚色、淡色近唇色或膚色口紅，利用化妝紙抿掉多餘油分，或按上褐色系蜜粉，可避免唇部太油亮而反光。

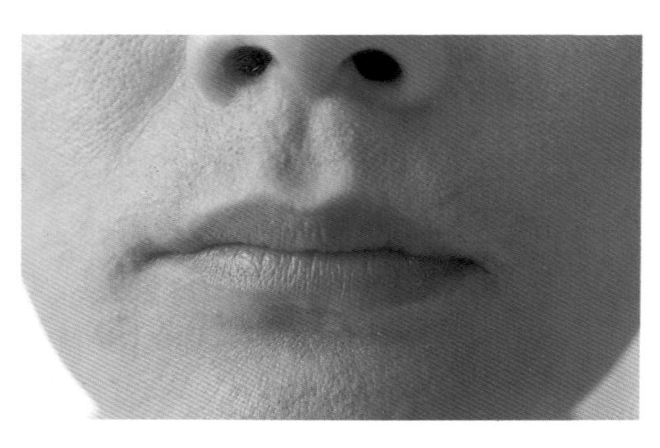

中年

●雖不刻意強調嘴唇的輪廓，爲使攝影效果良好，可先以唇筆修飾使唇輪廓浮現，擦上明度較高的淡色唇膏，再以化妝紙抿掉多餘油分。

修飾

突顯五官和輪廓的立體感。

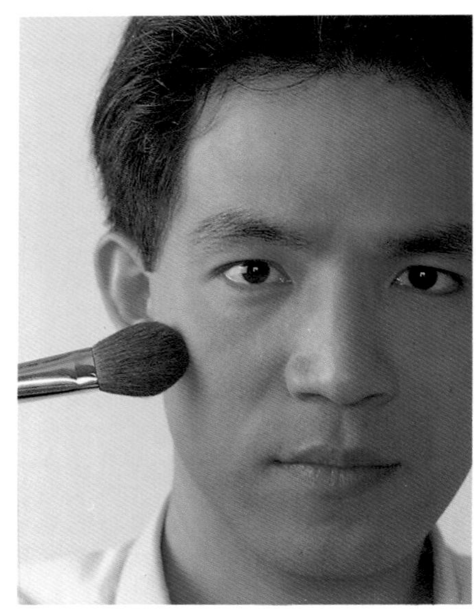

年輕

●爲使臉型具立體感，最後利用腮紅深、淺的運用來修飾臉型的輪廓。

中年

●依其臉部狀況，利用深、淺腮紅來修飾凹陷或下垂鬆弛的部位，使其拍照時畫面較理想。

完妝印象

完妝印象

成功的男性彩妝，以展現個人特色。

重點摘要

男性化妝乍聽之下好像充滿脂粉味，不過在面對攝影機時，由於燈光的照射，爲避免臉部輪廓平掉或是減弱男性的特質，仍然可以藉助明暗度及線條的修飾，使影中人更具有男性神采。

由於男性化妝雖並不需要如女性般講究，但是還是應該依照不同的年齡層給與適度的修飾。例如，年輕的男性本身就線條鮮明、充滿活力，因此粉底以能顯現健康自然感的爲宜。重點化妝方面，眼部重在睫毛際的眼神加強，唇部則僅需讓唇色有健康自然的色調表現即可。

邁入中年以後的男性，膚色會偏黃，線條輪廓也逐漸模糊，因此要注意膚色的調整，以及運用明暗色調的粉底使輪廓清晰；重點化妝方面，眼部重在眼頭、眉頭的立體陰影，使雙眼的眼神凝聚有力，掩飾眼神的渙散，唇部則由於這時的唇色會偏暗，因此可先讓唇部的輪廓清晰後再塗以明度高的淺色唇膏加以修飾。

總之，男性固不宜脂粉味，但仍要顯現男性應有的神采。

問題研討

1. 男性爲何需要在攝影時藉助化妝修飾？
2. 男性攝影化妝應注意哪些修飾要點，請依不同年齡層分述之。

兒童攝影化妝

配合市場性的發展，兒童面對攝影的機會越來越多。一般的生活照，所捕捉的是兒童天眞無邪的瞬間畫面，同時因肌膚紅潤細緻、明眸皓齒，因之並不需要刻意運用化妝，仍可拍出生動可愛的照片。

現代人非常重視小孩的成長路程，爲了保有小孩成長的轉變記錄，設想周到的爲小孩彩妝拍攝成長專輯。基本上，小朋友的化妝不需要像大人一樣的細緻，甚至不用打粉底，僅採重點式的化妝即可。

幫小朋友化妝或拍照是件十分困難卻又十分有趣的工作。化妝時動作必須要快，儘量縮短化妝的時間，因爲小朋友的耐性有限，尤其是必須保持固定的姿勢不動，或是一直保持同樣的表情。所以在塗抹隔離霜之後，可直接以兩用粉餅或蜜粉，不必刻意的多加修飾臉型；整體上則採以柔和色彩及線條，表現小朋友天眞無暇的自我。

●捕捉出小孩子們臉上微妙、親密而自然的效果。此類照片以生活化的肢體表現爲主，妝只是陪襯，扮演的角色極微。

感謝相片提供／老麥攝影・婚紗、新婚情報

●如果想拍出有別於生活照的效果時，不妨著重造型上的設計。
此類照片較強調造型的表現感，因此妝可稍加以修飾。

感謝相片提供／老麥攝影．婚紗、新婚情報

眼部

●小朋友的眼睛夠大，眼神也夠生動，只需適度的化妝即可發揮效果，如淡淡的咖啡色眼影或深膚色粉底的眼影，便可達到需要的效果。忌用鮮艷的色彩，會使童稚喪失。

眉毛

●小朋友的眉毛稀疏較淡，爲達攝影效果將眉毛稍刷濃，但不要刻意修正眉型。

唇部

●唇方面，因爲他們的嘴巴會動個不停，因此很難化妝，選擇單一色調來表現，但不必刻意描繪唇型，色彩同樣採用能顯現自然紅潤唇色的色調爲宜，或是不畫唇膏也可。

腮紅

●臉頰部位不必多費心思，利用粉嫩的腮紅，淡淡的刷在臉頰即可。

重點摘要

兒童攝影最大的要點就是要抓住兒童天眞的特質，在此前提下，兒童的攝影化妝便不能失「眞」，因而化妝修飾也只是點到爲止；主要藉由生動可愛的肢體動作，來展現並留下有趣的畫面。

大體而言，兒童攝影化妝可將重點放在整體造型設計上，使肢體語言容易表現出來。臉部撲上蜜粉即可，至於其他重點化妝方面，忌用鮮艷的色彩使小孩童眞盡失。可以稍加修飾的部位，例如，眉毛、腮紅、唇色…等，無論如何修飾都應掌握點到爲止的原則。

問題研討

1. 兒童攝影化妝的掌握要點爲何？
2. 兒童攝影化妝的重點試述之。

第7章
攝影化妝之注意事項

化妝是一種藝術，使原本不漂亮的人變得漂亮；使天生麗質的人變得更加出色。

但是想使攝影化妝的結果產生迷人的效果，在攝影的過程中，仍有許多的小細節必須留意與補救。

所以，一個出色的專業化妝者必須要有耐性，而且須不斷的從作業中獲得改善以及成長。

攝影化妝的進行流程

拍攝之前

任何一個攝影計劃都必須有許多前置作業，例如，事前的溝通與協調，讓相關人員之間相互了解，彼此對此次攝影所需要的感覺，確實的掌握，促使攝影計劃圓滿成功。當然在攝影計劃中最重要的關鍵是選擇一位適當的模特兒，此乃牽涉多方面的決定——需要考慮到攝影的種類、容貌特徵、膚色、身材、個性…等因素。

在開始拍攝之前，一切相關事宜溝通、安排妥當之後，主事者再通知相關人員應於什麼時候到達工作地點，該帶什麼東西。如果工作在室內進行通常沒太大的問題，但如果是外景容易受到天候的限制時，主事者也該掌握如何臨時與相關人員聯繫。

身為專業的化妝者一定要了解，此回所需要的化妝和髮型是什麼，自己該帶些什麼工具，千萬別以為提個化妝箱到工作現場就能擺平一切，事前溝通與預先的準備工作會讓作業順利的推展。

拍攝中

給模特兒一份工作流程內容，這樣他會很清楚的理解拍攝狀況，而在模特兒尚未完全了解攝影的重點之前，絕不要開始拍攝。依據設計好的腳本內容與設計圖，造型師、模特兒和攝影師再根據計劃將共識後的概念正確地以攝影展現出來，此時為了讓客戶能在選擇拍攝成品時有較大的空間，可多設計一些不同的訴求畫面，使工作更能圓滿完成。

攝影進行流程

現場事前工作確認———設計畫面印象檢討、決定

●將服裝吊起，並且所有飾物、設計圖放置於桌面上。
●化妝設計者，針對模特兒當時的狀況、服裝、飾品…等因素，重新檢視設計的方向，再進行化妝。
●攝影師現場氣氛的創造：
1. 燈光的運用。
2. 取景、佈局。
3. 底片的選擇。

攝影的進行———畫面品質的控制

●化妝設計者：
1. 透過攝影鏡頭，檢視模特兒的化妝，掌握光源的變化，再進行臉部修飾。
2. 隨時留意模特兒是否要補妝。
3. 模特兒臉上的瑕疵處，先行告知攝影師，利用拍攝角度避掉。
●攝影師：
1. 鏡頭的運用、光圈、焦距的掌控
2. 給予模特兒所要動作程度的正確指示。給予指示時要有耐心，而且言簡意賅，且主動帶動模特兒情緒。
3. 每一單元結束時，應立即給與更換造型的指示。
●企劃者：
攝影現場狀況的掌握，機動性的協調、溝通。

———更換造型考慮點

●化妝設計者：
1. 是否更換化妝色彩。
2. 留意改妝後臉部的粉底是否脫落，色彩融合度是否自然理想。
●攝影師與企劃者溝通，確認是否更換背景與光源等問題。
●模特兒更衣後，要留意化妝與髮型。

圓滿結束

拍攝後

檢討此回工作的得失，化妝設計者要從片子中找尋缺點，自我反醒檢討或聽取別人的意見，做為下回作業時的注意點。

重點摘要

攝影化妝在整個攝影作業中，雖只是其中的一個環節，然而卻具有極大的影響性，因爲透過色與型的塑造，往往可以使主題表現得更爲鮮活明確。不過一個優秀作品的產生，必須經由前期的創作醞釀、進行時的品質控制以及臨場的技術運用與調整，才能成就理想圓滿的結果。其中個人能力的施展固然重要，而負責不同環節的執行者，若能互相取得共識及良好的執行默契，絕對更能提昇作品的品質及水準。

通常如能藉由攝影計劃的擬定，在作業進行中便可使流程順利推進。企劃者負責計劃設定及所有聯絡事項；模特兒要配合主題讓攝影師能抓住理想的表達畫面；設計師則要清楚的將概念透過設計造型明確的表現出來；攝影師則應掌握攝影環境並適時的給予模特兒正確指示，主動帶動模特兒情緒，如此雖各司其職，卻又能共同達成主題的展現效果，不論是直的串連或橫的溝通，都是攝影化妝進行時必須注意的。

問題研討

1.欲使攝影化妝的品質提昇，需藉由哪些階段的串連？試簡述其掌握要點。
2. 在拍攝進行中，應掌握哪些流程？
3. 化妝設計師與攝影師在不同的流程中各應留意哪些要點？

攝影化妝作業時注意要點

照明與化妝

色彩是光線所創造的，因此化妝時的照明非常的重要。因爲每一種的照明都具有特性，對於我們所看見的色彩也有很大的影響。日光燈照明往往使皮膚看起來蒼白，於是化妝不知不覺就會過於濃或者強烈，而電燈泡照明臉色則會偏黃，粉底就容易打得偏白。

例如：

日光燈照明

◆金黃色彩妝

◆粉紅色彩妝

●在日光燈下化妝，因照明使膚色出現不合適的藍色色調。
◆金黃色彩妝，整體偏黃，產生褐色味的感覺。
◆粉紅色彩妝，整體給人自然粉嫩感。

電燈泡照明

◆金黃色彩妝

◆粉紅色彩妝

●電燈泡照明則會加強紅色及橙色，使臉部變紅。整體給人柔和、自然感。
◆金黃色彩妝，帶有橘的色味。
◆粉紅色彩妝，整體會稍偏濃艷感。

所以化妝時，應該在自然的太陽光線或較明亮的日光下。另外光線的來源對臉部化妝效果影響也相當大，應該避免僅從天花板由上往下照或僅只照到臉部一側的照明方式。爲了獲得均衡的化妝效果，化妝工作室的照明，應該能夠照到臉部的每一個角落。

圖示：

自然光

●來自四面八方的光源是最好的化妝採光。化妝時利用自然光最理想，最佳的光源爲上午9：00至10：00以及下午3：00至5：00時，並以順光爲佳。

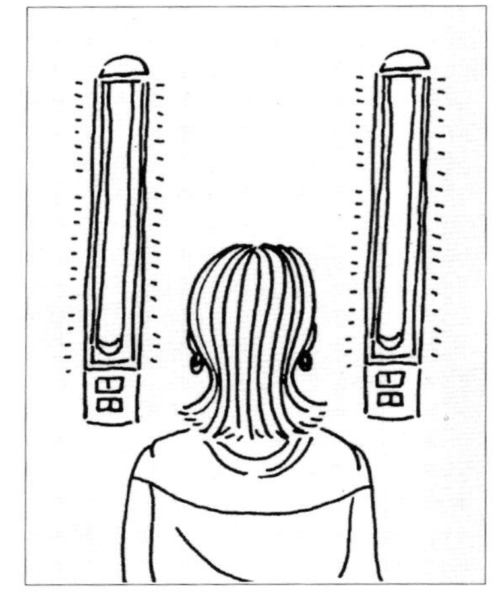

錯誤的化妝燈

●日光燈偏藍，臉色會顯得很不好看，同時光源至左右兩邊，上下容易產生空隙。因爲錯誤的光源，容易造成上妝後，室內、室外的化妝色彩的差異。

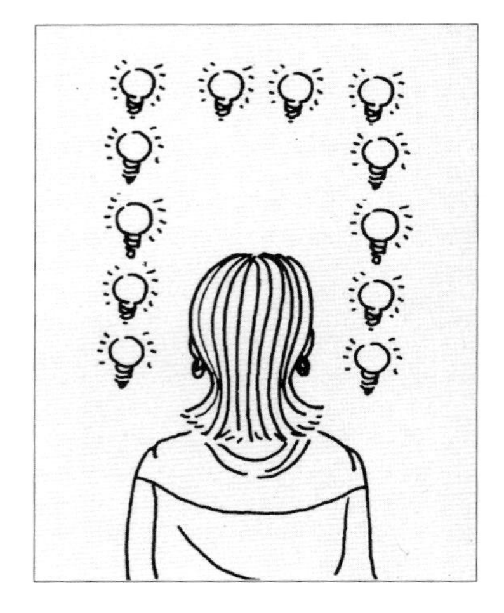

正確的化妝燈

●國內攝影棚的化妝燈很少人會去特別的留意。因爲大多數人以爲把鏡子照亮一點，化妝效果便好一點，然而正確的觀念是需要光而不是鏡子，因此最好在鏡子周圍安裝許多燈泡，或在鏡子上下左右各裝一個燈泡，這樣光線就會均勻柔和。

眼鏡族化妝注意要點

近視眼、遠視眼及老花眼透過鏡片，會使眼睛產生不同變化。遠視的凸透鏡片有放大眼睛的作用，化妝時應以清淡爲主；而近視的凹透鏡片則有縮小眼睛的作用，所以化妝法正好相反。

眼鏡族的化妝

戴眼鏡的人，配戴眼鏡時不能將眉毛遮住，同時眉毛的長度亦不可以超出鏡框，眉形最好順著鏡框的款式是其基本原則。因爲鏡框和鏡片會遮掩眼睛的光采，因此配戴眼鏡時更需要化妝。

近視眼的化妝重點

近視眼在化妝注意要點方面應加強眼部化妝，利用深色眼影，搭配紅色系，如，灰色、黑褐色、深灰色或深綠色，眼線可以畫得稍微粗些。睫毛夾捲，可稍微加強睫毛膏的使用。如果模特兒本兒身眼睛就蠻大的，可用眼線筆或眼線液，稍微描劃眼睛內側。

遠視眼及老花眼的化妝重點

遠視眼及老花眼在化妝重點方面須注意，其化妝不可過於誇張，儘量選用單色調或淺淡暗沈的色系，如，灰綠色、赭石色、中灰色或珠光色…等，輕輕塗擦於眼皮上，切記眼影不可太厚，以免使得眼睛看起來不自然。睫毛膏不可使用太多，只需於睫毛外側加強即可。

隱形眼鏡的化妝

現在年輕的模特兒均配戴隱形眼鏡，同時有顏色的隱形眼鏡成了時髦者的最愛。戴著隱形眼鏡化妝，最怕細菌感染，所以化妝時，應養成詢問模特兒是否有配戴隱形眼鏡的習慣，如果有配戴隱形眼鏡，應該特別仔細地進行眼部的化妝。

使用的眼影色彩應該避開與有色隱形眼鏡相似的顏色，睫毛膏應選用水溶性的，以避免油質污染鏡片或尼龍纖維掉入眼中；眼線和眼影宜使用筆狀爲佳，同時眼線不可畫到眼瞼內緣；裝戴假睫毛時，應小心使用黏膠。

補妝的秘訣

在攝影中，因爲模特兒出汗的關係、手托腮、支額的動作、或無意中被衣服掃到、或是在更換衣服時，均會有脫妝的現象產生。

因此，當攝影進行中，在一旁的化妝師若發現模特兒臉上有油光或眼影脫落、唇膏暈開時，要立刻告訴攝影師停機重新整妝，否則就浪費軟片了。

利用補妝的秘訣可以隨時換上一副新鮮的面孔，恢復蓬勃的朝氣面對鏡頭。補妝時有兩大重點：自然、乾淨。

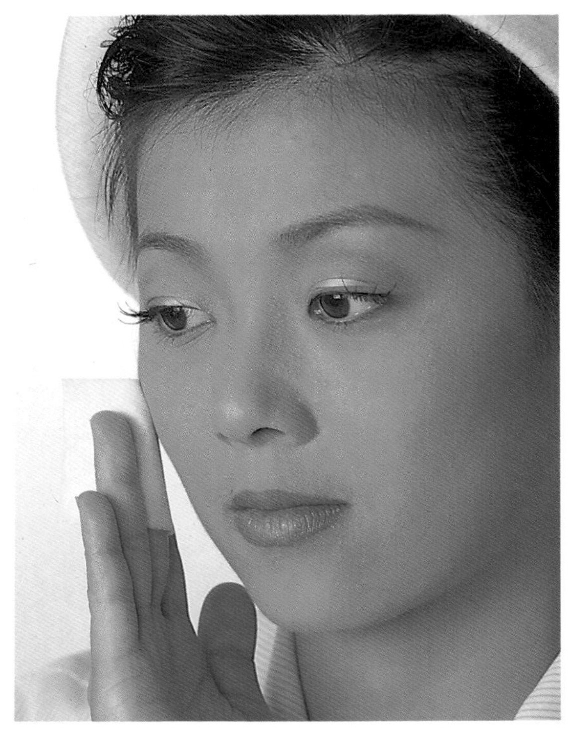

粉底

臉上發亮、出油或脫妝時，首先用化妝紙或吸油面紙輕壓，除去臉上的油光，利用微濕的海棉推勻臉上的粉底，再以沾了水或沾了乳液的棉花棒清除乾燥且凝結在皮膚上的粉底，最後重新補擦粉底、按上蜜粉。

眼部

眼部的補妝，應用濕的棉花棒或海棉清潔眼部四周圍的眼影及剝落的眼線、睫毛膏。然後補上粉底，再塗擦眼影，最好是補的顏色與本來的化妝揉在一起，並補刷睫毛。

萬一眉毛化壞時，如果不是很嚴重，可以用眉刷沾取粉底輕輕修飾，再撲上蜜粉；如果是嫌眉色太淡或是眉毛往下垂，也可以利用快乾的睫毛膏或造型眉刷刷一下，使眉毛更立體。

唇部

補妝時，要先留意唇膏是否有暈開。如果唇膏有暈色時，可以拿化妝紙或棉花棒輕輕擦拭，但要注意擦拭時的動作，上唇要由上往下擦拭；下唇由下往上擦拭，切忌橫著擦拭。然後再用粉底或修容筆控制唇的輪廓，再進行補妝。

腮紅

最後的步驟是刷上腮紅，可採用比原先的顏色淡、亮度高的修容餅，以最輕、最快速的手勢，在兩頰上均勻的塗滿。再用刷子上殘餘的修容，刷下巴、額頭與需要加強的地方，可使臉部顯得立體、有精神。

其他注意事項

攝影化妝時，服裝的款式因與整體有關，必須留心其搭配的協調性：

(1)頸部較短的人，應避免穿高領的衣服，如果是素色的衣服最好能有飾物陪襯，其效果較理想。但是切忌像開「展示會」般的掛太多飾品在身上。

(2)衣服要避免有太強烈的線條或大塊的圖型花樣，以素色或同色系的小碎花紋較佳。

(3)飾物要看模特兒的臉型和拍攝的距離而定，通常大塊頭或遠距離全身的攝影才適合用大型的飾物，大部分的情形，仍以小型、細緻而單色(或同色系的複色)的飾物為佳。

●素色V字型套裝，運用絲巾的襯托，較易突顯模特兒的質感。

重點摘要

實際在進行攝影化妝的作業當中，由於化妝設計者必須在現場先爲模特兒完妝之後，攝影師才可以藉由其專業技術，拍攝出理想的畫面。而站在色彩學的觀點，我們知道色彩是光線所創造的，因此如何讓需要的化妝色彩，透過燈光顯現出來，則是化妝設計者需特別留意的地方。換句話說，應了解不同的化妝照明對化妝色彩的影響，使畫面色彩不致出現影響主題表現的情況。

此外，化妝時有時也會遇到模特兒是眼鏡族的狀況，無論是眼鏡框或是隱形眼鏡，由於或多或少受到限制，因此應掌握因應的技巧：

■近視眼可加強眼部化妝。

■老化及遠視則不可過於誇張。

■隱形眼鏡者宜避免容易污染或掉落的商品。

而補妝則是使拍攝畫面保持連貫性及避免瑕疵出現的重要步驟，如，粉底脫落、皮膚泛光、眼部色彩暈開、眉色不足、唇膏暈開……等，都會成爲破壞畫面的殺手。

問題研討

1. 試述日光燈照明與電燈泡照明對化妝色系的不同影響。
2. 化妝照明的正確光源爲何？
3. 爲眼鏡族化妝時應注意哪些要點？
4. 試述粉底、眼、唇的補妝要點。
5. 應如何掌握服飾搭配的要點，使整體看起來協調？

如何掌握化妝變換的要素

作業時的造型若想要呈現多變性，基本上除了具備思考能力與組織能力之外，事前的準備工作與作業行程表的製作，都是促使造型轉換成功的訣竅。

爲讓拍攝過程更順利，事前一定要先考量化妝及髮型的變化，因爲造型的轉換，其實是有原則可遵循的，無論是髮型或化妝，基本上都是由簡單的型開始；在髮型設計時的進行中，可由長髮、盤髮到包頭，在變換造型時爲了節省時間，不妨利用假髮與髮飾局部的運用。至於化妝方面，無論是粉底、眼影或唇膏都是由淺而深，一點一點的塡補上色彩。除此之外，在做化妝造型時有以下幾點原則可遵循：

(1) 儘量不要去改變模特兒原有的型，除非是企劃設計上的需求，維持模特兒原本的型，可以幫助轉換造型時的速度。

(2) 不需要刻意強調絕對的平衡。因爲拍照講究的是造型的角度，所以有些先天的缺點，可以利用攝影的光源、角度的選擇來克服。而化妝因光影所呈現的明暗，同樣也無需刻意修飾。

(3) 爲保持造型的完美性，除非是絕對的必要，應避免模特兒卸兩次以上的妝，因爲多次的卸妝，很難再打出漂亮的粉底，同時也要承擔模特兒肌膚產生異常的風險。

重點摘要

當攝影工作在進行時，往往會因現場環境因素(例如，燈光、背景、單元變換)的改變，而需有臨場的因應措施。而在因應的過程中如果沒有從整體性的觀點檢視，則容易產生浪費時間、影響品質等的負面結果。

例如，髮型、化妝需要改變時，應在事先便將此考量納入作業流程的順序排定中，儘量把握由簡而繁逐步增加的原則。

此外，模特兒的型亦應符合主題的表現，這樣不但能加強訴求力，也能幫助換妝的速度。而攝影時因燈光而產生的明暗差異，也無需刻意去修飾，以免使化妝造型變得僵硬而刻板。當然，模特兒的皮膚亦應小心呵護，否則產生異常時，往往會使作業進度及效果受到影響。

問題研討

1. 在因應需要而為模特兒換妝時，應把握什麼要點？
2. 為避免換妝時造成無謂的困擾，在做化妝造型時有哪三項原則需注意？

參考資料

- *Photographic Modeling*《模特兒攝影》，*V.Cragin* 譯著，莊修田編譯，藝術圖書公司印行。
- *How to Photograph Women*《女性攝影》，崔蕙萍譯，衆文圖書（股）公司印行。
- 《攝影新境》，傅一君譯，龍田出版社印行。
- 《尖端專業色彩化妝學》，*Louise Picard Villa* 著，周志堅譯，臺灣芝寶（股）公司印行。
- 《尖端專業美容百科全書》，*Joel Gerson* 著，周志堅譯，臺灣芝寶（股）公司印行。
- 《國際美容造型雜誌》，儂華國際（股）公司發行。
- 夜漬いの專家シリーズ視覺デザイン色の本棚2.3研究所編。
- 百分のイメージで選小配色。
- 配色テクニックの基本と應用。

國立中央圖書館出版品預行編目資料

攝影化妝／李秀蓮著．一初版．一臺北市；
揚智文化，1995（民84）
面； 公分．（現代美學；1）
ISBN 978-957-9272-12-4（精裝）

1.化妝

424.2 84003447

現代美學 1
攝影化妝

著　　者／李秀蓮
出 版 者／揚智文化事業股份有限公司
發 行 人／林智堅
企　　劃／SHISEIDO 美容科學技術研究所
攝　　影／吳嘉寶
副總編輯／葉忠賢
責任編輯／賴筱彌
執行編輯／范維君
版面構成／點石意象設計‧黃慧甄
地　　址／台北縣深坑鄉北深路三段260號8樓
電　　話／（02）8662-6826
傳　　眞／（02）2664-7633
登 記 證／局版臺業字第4799號
印　　刷／鼎易印刷事業有限公司
修訂版四刷／2010年11月
ISBN／978-957-9272-12-4
定　　價／1000元